Antonio Dias Leite

MEU SÉCULO
O BRASIL EM QUE VIVI

MEU SÉCULO
O BRASIL EM QUE VIVI

Antonio Dias Leite

EDIÇÕES DE
Janeiro
Rio de Janeiro
2017

© 2017 desta edição, Edições de Janeiro
© 2017 Antonio Dias Leite

Todos os direitos reservados e protegidos pela Lei 9.610, de 19.2.1998.
É proibida a reprodução total ou parcial sem a expressa anuência da editora e do autor.
Este livro foi revisado segundo o Acordo Ortográfico da Língua Portuguesa de 1990, em vigor no Brasil desde 2009.

Editor
José Luiz Alquéres

Coordenador editorial
Isildo de Paula Souza

Copidesque
Cristina Cupertino

Revisão
Livia Koeppl
Patricia Weiss

Projeto Gráfico
Casa de Ideias

Capa
Antonia Dias Leite

Fotografias
Juliana Gueiros e arquivo pessoal

Desenhos
Antonio Dias Leite

CIP-BRASIL. CATALOGAÇÃO NA PUBLICAÇÃO
SINDICATO NACIONAL DOS EDITORES DE LIVROS, RJ

L55m

Leite, Antonio Dias, 1920-

Meu século : o Brasil em que vivi / Antonio Dias Leite. -- 1. ed. -- Rio de Janeiro : Edições de Janeiro, 2017.
160 p. : il.

Inclui bibliografia
ISBN: 978-85-9473-008-4

1. Leite, Antonio Dias, 1920-. 2. Engenheiros - Brasil - Biografia. 3. Ministros de Estado - Brasil - Biografia. I. Título.

17-40524   CDD: 923.2
                    CDU: 929:32(81)

EDIÇÕES DE JANEIRO
Rua da Glória, 344 sala 103
20241-180 – Rio de Janeiro-RJ
Tel.: (21) 3988-0060

contato@edicoesdejaneiro.com.br
www.edicoesdejaneiro.com.br

SUMÁRIO

Prefácio do editor 9

Prefácio do autor 12

Livro 1 A GRANDE MUDANÇA (1920-1954) 15
1 O contexto histórico 17
2 Minha família 25
3 Recordação de estudante 29
4 Minha visão da Era Vargas 31
5 Segunda Guerra Mundial e seus reflexos no Brasil 35
6 Minha primeira viagem aos Estados Unidos, os anos de guerra e o início do casamento 39
7 Comissão de Planejamento Econômico e Equipe da Renda Nacional 43
8 Iniciativas governamentais no Pós-Guerra 47

Livro 2 O ESPETÁCULO DO CRESCIMENTO (1955-1980) 51
1 O contexto histórico 53
2 JK e o desenvolvimentismo 61
3 Eisenhower Fellowships 63
4 Jânio Quadros, personalidade excêntrica. Início do governo Jango, novas atividades 67
5 San Tiago Dantas 71
6 Governos autoritários 73
7 Presidência da Companhia Vale do Rio Doce 77
8 Reflorestamento 83
    8.1 – Medalha Navarro de Andrade 85
9 Recursos naturais na economia brasileira 87

10 Ministério de Minas e Energia 89

    10.1 – Usina de Itaipu 93

    10.2 – Impasse no petróleo..95

    10.3 – Projetos RADAM e REMAC..96

    10.4 – Início da energia nuclear no Brasil...97

    10.5 – Companhia Brasileira de Tecnologia Nuclear..101

11 A energia ocupa posição central no cenário internacional 103

Livro 3 A NOVA GLOBALIZAÇÃO (1980-2015)..................................107

1 O contexto histórico...109

2 Retorno à UFRJ – Fundação José Bonifácio 117

3 Companhia Internacional de Seguros (CIS) 119

4 Renato Archer..121

5 Uma missão singular...123

6 Grande crise financeira de 2008 125

7 Reflexos no Brasil das crises externas e relação entre política e economia......................127

8 Novas dificuldades com Itaipu..129

9 Governo Dilma Rousseff..133

10 Temas tecnológicos e ambientais...137

11 Retorno da engenharia a seu papel histórico...139

12 Algumas pessoas com quem convivi profissionalmente 141

Livro 4 DIAS LEITE EM FAMÍLIA..145

    Dias Leite em família..147

    Anexo 1 – Textos do autor 153

    Anexo 2 – Referências bibliográficas do autor...155

PREFÁCIO DO EDITOR

Um século não é pouca coisa. É 20% do tempo transcorrido desde que os portugueses por aqui chegaram, 1/5 do tempo desde a descoberta do Brasil.

O último século do nosso país testemunhou mudanças radicais na economia e em nossos hábitos de vida.

Este livro apresenta uma reflexão sobre tal período, vinda de um dos brasileiros que mais construtivamente se empenhou na elevação da qualidade de vida de seus conterrâneos. E fez isso no apolíneo equilíbrio entre uma vida privada virtuosa e uma vida pública profícua e cheia de realizações.

Para a sua família, ele é uma referência, um exemplo. A sua casa, um refúgio, o "castelo", como aqueles celebrados solares do velho Condado Portucalense onde os Dias Leite têm sua origem.

Para os que, feito eu, trabalharam no setor de infraestrutura no Brasil, o nome Dias Leite, ou o tratamento de simplesmente "Professor", como a força do seu saber impõe aos interlocutores, está associado a um alto conceito ético e a importantes conquistas no desenvolvimento nacional.

Aos 96 anos de idade o Professor nos oferece sabedoria e perseverança em um momento em que o Brasil, mais do que nunca, precisa reencontrar os seus caminhos de desenvolvimento.

Dentre muitas contribuições destacadas em suas memórias, gostaria de pinçar algumas mais importantes:

- Os trabalhos sobre a criação do Sistema de Contas Nacionais, desenvolvidos a pedido de Eugênio Gudin, que marcam o início de estatísticas sistemáticas desde então mantidas pela FGV e que viabilizam o acompanhamento e a análise quantitativa da evolução econômica do Brasil;

- Os artigos no *Jornal do Brasil* e na *Folha de S. Paulo*, reunidos depois no livro *Caminhos do desenvolvimento*, que "fizeram a cabeça" de toda uma geração de técnicos, políticos, e dos planejadores que estruturaram o chamado "Milagre Brasileiro", no início dos anos 1970;
- Sua dedicação aos temas do Código Mineral, dos levantamentos geológicos e de estudos correlatos, que faz dele e de Eliezer Batista os maiores e únicos ministros de Minas e Energia que o Brasil já teve; os demais – seja por razões emergenciais seja por desconhecimento – foram, quando muito, grandes ministros de Energia;
- Seu apoio à formação de quadros de alto nível no CENPES, Centro de Pesquisas da Petrobras e à criação de um centro análogo no setor elétrico – o CEPEL. Esses centros foram responsáveis pela formação da elite técnica que contribuiu para o sucesso dessas áreas no melhor período da sua existência;
- A concepção e a gestão, por muitos anos, da Fundação José Bonifácio, tão importante na aproximação entre a Universidade Federal do Rio de Janeiro e as empresas, além da criação do CENTRECON, que treinou muitos executivos do setor de energia;
- Sua relevante contribuição para políticas nacionais de reflorestamento e, por extensão, de sustentabilidade na exploração de recursos naturais, caracterizada em sua atuação como consultor, presidente da Companhia Vale do Rio Doce, ministro de Minas e Energia e presidente do Comitê de Meio Ambiente da Eletrobras;
- Seu pioneirismo ao apontar a importância da promoção da eficiência energética; e
- Sua permanente presença na grande imprensa, na redação de textos e livros, compartilhando saberes com o grande público.

É singular esse homem que trabalhou, dentre outros, com dois dos mais icônicos vultos na área da política econômica do Brasil, Eugênio Gudin e San Tiago Dantas; que viveu tempos de guerra e de paz; participou da implantação de projetos como Itaipu, Carajás, mapeamento geológico da Amazônia e da plataforma continental, florestas Aracruz e tantos mais. É singular esse homem na simplicidade dos seus 96 anos, que até bem pouco tempo podia ser visto andando firme, sozinho, nas ruas do seu querido bairro do Leblon.

O Professor tem bem vivas as memórias da vida profissional que conosco divide neste livro, mas seu exemplo maior, para nós todos que com ele convivemos ou trabalhamos, foi o de conciliar esse lado com a sua irrestrita atenção à família: dona Manira, filhos, netos e bisnetos, e também aos parentes e amigos, tendo sempre demonstrado um grande respeito à memória de seus antepassados, tão importantes em sua formação.

Os textos da administração costumam realçar que líderes não nascem feitos. Eles se formam na vida. Que a vida de Dias Leite sirva de inspiração a muitas outras vidas.

José Luiz Alquéres
Edições de Janeiro

PREFÁCIO DO AUTOR

Nasci em 1920. Conheci Manira aos dezenove anos em uma festa. Morávamos na mesma rua em Botafogo. Cinco anos depois nos casamos. Coube a ela a mansa definição do caminho que percorreríamos juntos ao longo de setenta anos.

Este é o primeiro texto que ouso escrever sem tê-la a meu lado. É meu primeiro texto em que, comentando diversos assuntos e terceiras pessoas, falo um pouco mais de mim, baixando a guarda em relação a um certo pudor – ou melhor, timidez – de me expor. Algo que, como virtude, fez parte da minha educação.

Testemunhei, enfim, muita coisa nesses meus quase cem anos, e a visão desses tempos pode ser de interesse mais amplo que o da minha família sobre estas histórias. Engenheiro e economista, assisti à formação do meu país a partir de quase nada. Quero compartilhar algumas das minhas vivências nesse processo.

Agradeço a meus filhos e netos, que me deram todo apoio. À filha Maria Cristina pela insistência em que eu colocasse no papel as lembranças de acontecimentos relevantes que presenciei. Ao filho Antonio, com suas sugestões e críticas construtivas. Ao filho Fernando pela insistência em registrar essas lembranças. À filha Teresa pelo apoio contínuo. Agradeço também a Henrique Saraiva e a Maurício Dias, que me empurraram na aventura deste livro. Maurício foi o autor da sugestão de incluir no prefácio a referência a Manira. Luca Muscarà, professor da Universidade de Molise (Itália), recentemente visitou o Brasil e ao passar uma vista em meus escritos teve a ideia de sugerir que neste novo livro eu intercalasse história e memória pessoal. Fui auxiliado nesse mister por minha filha Ana Luísa. Minha neta Júlia foi responsável pelo feliz envolvimento de José Luiz Alquéres como editor. Os meus agradecimentos vão também aos amigos a quem recorri e que contribuíram com sugestões e comentários críticos.

Por fim, quero realçar que uma vez escritos os diversos textos – alguns quase crônicas – que compõem este livro me dei conta de que eles serão lidos por pessoas que nasceram praticamente um século depois de mim. Aceitei, então, a sugestão do editor para quebrá-los em blocos temporais. Dividi o tempo de minha narrativa em três livros, nos quais apresento os textos que se referem às minhas atividades em cada terço da minha vida, precedidos de uma ideia do contexto político, econômico e social dessas diferentes épocas – textos escritos com a colaboração de José Luiz Alquéres –, além de alguma reflexão sobre a minha vida familiar no período.

O breve Livro 4 contém páginas que não são de minha autoria, ou melhor, o são de forma indireta, pois vêm de meus descendentes. Fico muito feliz e agradeço o que escreveram sobre nossa família e sobre mim.

Antonio Dias Leite
Outubro de 2016

Livro 1
A GRANDE MUDANÇA
(1920-1954)

1
O CONTEXTO HISTÓRICO

Pouca gente tem hoje a percepção do que houve no mundo na segunda década do século XX e do que significou o fim da Primeira Guerra Mundial, e tudo o que a ela sucedeu. A grande guerra que havia se iniciado em 1914 mudou a face do mundo. Quatro impérios que formaram por séculos a fronteira entre o Ocidente e o Oriente se extinguiram: o Império Russo, o Austro-Húngaro, o Alemão e o Otomano. Dois outros entraram em declínio: o Império Colonial Britânico e o Chinês. No Ocidente, a nata de uma geração europeia foi sacrificada nos campos de batalha de uma suja guerra de trincheiras.

A emergência dos Estados Unidos da América, grande vitorioso, se traduziu em um mundo de competições comerciais mais aguerridas, com menos reservas de mercado e enormes dificuldades de os países perdedores se adaptarem. Muita gente ficou pobre e um pequeno número de famílias e empresas enriqueceu muito. As migrações que ocorriam desde meados do século XIX se aceleraram, tendo como destino a América do Norte e a do Sul. No caso brasileiro, grandes contingentes de sírios, libaneses, italianos, portugueses e judeus que para cá já vinham migrando fortaleceram e consolidaram sua opção pelo Brasil.

Os fluxos internacionais de comércio começaram a mudar. No campo acadêmico, escritos inovadores de novos economistas começaram a repercutir, como o livro de John Maynard Keynes, *As consequências econômicas da paz*.

Os americanos trouxeram uma contribuição muito peculiar à ordem mundial ao promoverem a Liga das Nações, sediada em Genebra. A Liga foi a precursora da Organização das Nações Unidas (ONU). Outras entidades fundadas nessa época foram a World Power Commission, depois redenominada *World Energy Council* (WEC), voltada para objetivos de cooperação dos países na área energética, com a qual vim a ter vários contatos, e a International Chamber of Commerce (ICC), sediada em Paris e destinada a fazer do comércio um meio de aproximação entre os países.

A criação de tais entidades decorreu de iniciativas inspiradas pelo presidente Woodrow Wilson, que tinha uma visão um tanto idealista da realidade do mundo. Hoje, com a globalização, aquelas entidades seriam mais bem aceitas. Infelizmente a malfadada Liga das Nações não impediu a eclosão da Segunda Guerra Mundial.

No campo objetivo dos negócios, o comércio começou a se direcionar para objetivos negociais específicos, e não para o comércio mais fechado por áreas de influência de países ou regiões. Tudo isso no quadro de uma crescente conscientização quanto à prioridade do desenvolvimento socioeconômico e da repartição mais igualitária de seus benefícios entre países e pessoas, temas que continuam atuais.

A partir da década de 1920 ideologias como o comunismo começaram a divulgar amplamente uma mensagem revolucionária e de forte aceitação popular. Pelo menos no discurso, tal mensagem ecoou fortemente. Os herdeiros dos mortos da Primeira Grande Guerra e os afetados por suas consequências, dispersos pelo mundo, começaram a reivindicar parcelas crescentes de poder e a exigir mudanças nas políticas sociais, abalando as estruturas políticas.

Como reação a excessos na ânsia geral por progresso, já em torno do ano de 1930 um senso obsessivo de ordem volta a tomar conta do mundo e se traduz em regimes autoritários como os de Benito Mussolini, Adolf Hitler, Francisco Franco e António de Oliveira Salazar, em países de destaque da Europa, e em ditaduras civis ou militares em várias outras partes do mundo, todas impondo regras rígidas para enfrentar ambientes de grande efervescência social.

Nos Estados Unidos, Franklin Roosevelt toma posse e exerce a presidência no período da grave crise financeira mundial de 1929, em clima de enorme perturbação pública, com soldados veteranos da Primeira Guerra em situação de desamparo acampados por semanas no National Mall, em Washington. Os sistemas bancário e financeiro estavam quebrados. As medidas drásticas tomadas nos primeiros cem dias do governo de Franklin Roosevelt são difíceis de imaginar hoje em dia, mas o mundo estava envolto em crises que ciclicamente se repetiam. Havia justificativa para a aceitação de restrições à liberdade em nome da ordem.

Na Europa a crise se faz sentir fortemente. As tensões políticas crescentes e os agudos problemas econômicos associados ao ressentimento e ao orgulho ferido da Alemanha, decorrentes do ônus que o país se via obrigado a pagar por ter sido parte vencida na Primeira Guerra Mundial, acabam levando a uma Segunda Grande Guerra, provocada pelo regime nazista alemão.

A Alemanha consegue triunfar nos campos de batalha durante os primeiros anos de conflito, mas faltou-lhe fôlego para manter esse triunfo, especialmente depois da entrada dos Estados Unidos no conflito, já em 1941. A partir daí, de derrota em derrota, a Alemanha se vê finalmente vencida, juntamente com a Itália, em maio de 1945. Alguns meses depois o Japão, que ainda resistia, também se rende após ter duas cidades devastadas por bombas atômicas lançadas pelos Estados Unidos. O efeito dessas bombas marcaria o início de uma nova era mundial, a corrida para dominar a tecnologia nuclear.

Com o final da Segunda Grande Guerra, a Europa passa por um acelerado processo de reconstrução. No resto do mundo há o início da retirada das antigas potências coloniais da Ásia, Índia e África, e a emergência da China, já como potência influente, embora com população muito pobre.

* * *

Ao longo dos anos 1920 a realidade brasileira foi marcada por reflexos desses temas internacionais e pela consolidação da jovem república, então governada por velhas oligarquias. Os presidentes da República, para conseguirem um mínimo de governabilidade, recorriam ao chamado "estado de sítio", um regime que permitia a supressão temporária de liberdades individuais.

Era o tempo da nossa República Velha, época em que a cultura urbana, em contraposição à rural, predominante no Império, começou a despontar.

O crescimento econômico e a riqueza de São Paulo, onde ocorria um surto de industrialização, e, em paralelo, a urbanização do Rio de Janeiro, promovida pelo prefeito Pereira Passos e pelo presidente da República, Rodrigues Alves, demonstravam que o progresso estava finalmente chegando, o que se percebia desde a virada do século. Associado a ele chegaram a eletricidade, trazida pela Light, o transporte urbano e depois a telefonia, ao mesmo tempo em que se expandia a distribuição urbana do gás. A classe proletária passou a predominar nas cidades.

Ansiosos, os jovens – em geral liderados por oficiais militares, uma classe mais organizada, urbana e instruída – manifestavam-se com frequência contra o governo. Assim, houve a Revolta da Vacina em 1904, apoiada por militares da Escola Militar da Praia Vermelha, e grandes agitações na década seguinte. Essas agitações fizeram com que se elegesse como presidente da República o marechal Hermes da Fonseca, contra Ruy Barbosa, arauto de uma campanha "civilista". Eram poucos os votantes no Brasil inteiro de então: cerca de 400 mil, apenas.

No final da década de 1920 o Brasil, por ter participado, com o envio de missão militar, do esforço de guerra na Europa, conseguiu benefícios, parte deles resultante de sequestro de bens de propriedade de empresas alemãs ou da atração de algumas indústrias internacionais.

Nasci em 1920, início de uma década em que as contestações políticas proliferaram. Uma das mais famosas foi o episódio dos "18 do Forte", em 1922. Da mesma forma, viram-se outras rebeliões em 1923, 1924 e 1925, ou seja, uma revolução por ano, quase todas com envolvimento dos chamados "tenentes", membros da jovem oficialidade reformista.

A desordem era permanente e, de forma muito simplista, poderia ser resumida na luta política entre os velhos interesses patrimonialistas agrários, premidos por um quadro adverso no tocante às exportações do café, e as novas classes proletária e média emergentes, em busca de expressão política própria.

Um sentimento de crescente nacionalismo também se fazia presente não só no plano político como também no artístico, com a Semana de Arte Moderna de São Paulo, em 1922, marcando a busca de uma arte independente, nativista, "antropofágica", como se autodenominou. O *"to be or not to be"*, de Shakespeare, era reconceituado como "tupi or not tupi" pelos modernistas.

Nesse clima, Getúlio Vargas, um governador do Rio Grande do Sul que havia sido ministro da Fazenda, lidera um golpe, amparado pelos militares do Sul. Alegando, não sem razão, que as eleições nacionais eram fraudadas, marcha em direção à capital do país, então o Rio de Janeiro. Embora derrotado nas urnas, recebe adesões pelo caminho até chegar ao seu destino, onde, com apoio geral do exército, assume a presidência da República, em 1930.

Dois anos depois uma reação paulista deu início à Revolução Constitucionalista de 1932 que fez milhares de vítimas. Vargas consegue debelar a revolução, mas o clamor por reformas faz com que se aprove uma nova Constituição, em 1934, que estende o mandato de Vargas até 1938.

O próprio presidente, de maneira autocrática e antes de encerrar seu mandato, proclama um novo texto constitucional em 1937, mais autoritário, verdadeiramente fascista, garantindo para si mais poderes. Era algo alinhado com o que se via na Europa, em especial na Itália e Alemanha. Criou-se aqui o chamado Estado Novo.

É um período em que se observa maior organização e centralização do governo federal. Nomeiam-se interventores nos estados da Federação, criam-se normas para uma burocracia funcional de maior qualidade ao se disciplinarem as carreiras civis de funcionários públicos. Acaba-se com a possibilidade de os estados emitirem títulos da dívida pública sem o consentimento do governo federal e consolidam-se empréstimos anteriores, de todos os entes da Federação, no chamado *funding loan*.

A questão social vai sendo aplacada apelando-se para a força bruta e com a concessão de medidas sociais intensamente alardeadas pela máquina pública de propaganda. Essa combinação de repressão com propaganda de governo torna-se, desde então, a marca dos regimes autoritários, assim como a obsessão em liderar grandes obras públicas, anunciadas como viabilizadoras de saltos no desenvolvimento econômico. O mundo inteiro fazia isso: Josef Stálin na União Soviética; Adolf Hitler na Alemanha; mas também Franklin Roosevelt nos Estados Unidos.

Em 1939 a Segunda Grande Guerra se inicia com a Alemanha demonstrando grande força em sua capacidade industrial e militar nos primeiros três anos do conflito. As matérias-primas se valorizam e o Brasil é cortejado por ambas as forças antagonistas.

Finalmente, seguindo os Estados Unidos, o Brasil pende para o lado dos Aliados (embora boa parte do comando do Exército fosse pró-Alemanha). Devemos tributar à gestão do chanceler Oswaldo Aranha o nosso posicionamento.

Ao final da guerra, enquanto o protagonismo internacional do Brasil ganha um novo patamar, iniciativas desenvolvimentistas ocorrem. Dentre elas, a criação da Companhia Siderúrgica Nacional (CSN), a criação da Companhia Hidro Elétrica do São Francisco (Chesf), o Plano SALTE (Saúde, Alimentação, Transporte e Energia) e a criação da Petrobras, versões locais do esforço de reconstrução ocorrido na Europa com o Plano Marshall.

Com o sucesso da recuperação econômica da Alemanha e do Japão, divulga-se jocosamente a ideia de que perder uma guerra para os Estados Unidos era melhor do que ser dele aliado.

* * *

Sob a perspectiva individual, observo que no conturbado período sinteticamente descrito acima eu vivi minha infância, juventude e início da vida profissional, que, como se verá adiante, foram marcados por uma aproximação com a cultura americana e um compromisso com o trabalho, estudo e desenvolvimento.

2
MINHA FAMÍLIA

Meu pai, Antonio Dias Leite, de quem herdei o nome, era português, da cidade do Porto. Aos treze anos foi estagiário e escrivão na alfândega portuguesa. Depois foi tradutor de francês na companhia Eiffel Construction Métalliques, que construía a ponte sobre o rio Douro. Ali aprendeu desenho técnico e aperfeiçoou o francês. Terminada a ponte, foi gerente em uma quinta vinícola. Nesse período dedicou-se ao estudo do inglês. Manteve-se leitor assíduo em português e em inglês. Surgiu-lhe então uma oferta de emprego no Banco de Londres, na Inglaterra, para onde se transferiu. Os idiomas foram, de certo modo, o fio condutor da sua trajetória na vida.

Tendo vivido e trabalhado na Inglaterra alguns anos, ele adquiriu hábitos locais. Tornou-se decididamente um liberal, de pensamento independente e sem se prender a convenções. Na passagem para o século XX emigrou para o Brasil. Aqui se estabelece no comércio atacadista com a empresa Sequeira Leite, no Rio de Janeiro.

Minha mãe, Georgetta, brasileira, da família Teixeira Leite Lahmeyer, foi educada em uma escola francesa de Petrópolis, cidade serrana no estado do Rio de Janeiro. Era extremamente culta e interessada nos acontecimentos nacionais e internacionais, que acompanhava pela leitura diária dos jornais. Tinha sempre em andamento a leitura de um livro da época. Por contraposição ao homem prático e direto que era meu pai, seu pensamento era mais abstrato e idealista, o que também muito veio a me influenciar. Com a versatilidade das mulheres de sua geração, dedicava-se também aos bordados, especialmente, quando mais idosa, em roupinhas para os netos.

Sob a influência desses pais, nós todos, seus descendentes, tivemos uma boa educação em francês e inglês.

Residíamos no Rio de Janeiro. Já com três irmãs mais velhas, Valentina, Laura e Luísa, fomos morar na casa que ficava na rua Visconde de Ouro Preto, em Botafogo, quando eu tinha seis meses de idade. Meu pai encomendou a construção ao arquiteto Ângelo Burns e ali residiu até falecer, na década de 1950. Essa casa, como depois a da rua Leôncio Corrêa, marcou minha vida.

Com irmãs dez anos mais velhas, eu lembro de ver em casa um ambiente de muita discussão e debate sobre o Brasil e o mundo. Eu mais ouvia. Único homem, meus pais tiveram mais uma filha, Eulália, depois de mim. Eu era bastante paparicado pelas irmãs e desenvolvi, talvez por isso ou talvez por índole, uma certa reserva, uma certa timidez. E um senso crítico conjugado a um humor seco e vocativo de certas manifestações ferinas de meu pai, que, por exemplo, ao se referir a um parente meio mentiroso, o tratava de dr. Munch (pensando, é claro, no barão de Munchausen, personagem loroteiro de histórias fantásticas).

Estudei em casa até entrar no ginásio. Essa exclusão do convívio em um ambiente com colegas da mesma idade na época em que, tipicamente, se constituem amizades para a vida me incomodou sempre. Lembro que eu era tão ignorante dos rituais de menino de colégio que, ao fazer o exame de seleção no Colégio Pedro II, entreguei minha prova em branco. Simplesmente não sabia o que se esperava de mim ali.

O ginásio onde fui estudar ficava ao lado de casa. Era o Colégio Anglo-Americano, cujo ensino não permaneceu em minha memória como algo especial.

Como disse, nossa infância e juventude transcorreram em uma casa animada por muitos filhos. Passávamos as férias em "estações d'águas", como Caxambu e Cambuquira, no sul de Minas Gerais.

No devido tempo, após frequentar o curso de Miguel Ramalho Novo (apelidado "Ramo Verde" por meu pai), na rua da Quitanda, completei meus exames preparatórios, prestados no Colégio Pedro II, e matriculei-me na Escola de Engenharia em 1937.

3
RECORDAÇÃO DE ESTUDANTE

Foi nos anos 1930 que comecei a tomar conhecimento, sem muita compreensão ainda, do que se passava no país e no mundo. A revolução oriunda do Sul e a subsequente reação constitucionalista de São Paulo, em 1932, eram temas de discussão diária na mesa do jantar da casa de meus pais, com a participação frequente de parentes e de pessoas com opiniões divergentes que nos visitavam. Ainda não estava ao meu alcance perceber bem o que se passava. Ouvi falar sobre a crise financeira mundial em Wall Street e o governo revolucionário de Getúlio Vargas, e também sobre as radicais mudanças de natureza política que ocorriam na Itália e na Alemanha.

A discussão da política nacional assumia maior importância em nossa casa com a tentativa de golpe comunista de 1935, na qual minha irmã mais velha, Valentina, teve parte ativa. Sua inteligência, liderança e opção pelo comunismo, associadas à falta de bom senso, a levaram à prisão por algum tempo. Nesse período expandiu-se aqui também o pensamento fascista, oriundo das experiências italiana e alemã, institucionalizado no "Integralismo" que influenciou muitos intelectuais em certo período do governo de Getúlio Vargas. Em minha família ele tinha adeptos entre parentes próximos.

Meu pai, diante dessas correntes de opinião totalitárias, mantinha a inabalável postura liberal que adquirira na Inglaterra.

Já antes de iniciar o ginásio eu me interessei por Geografia, matéria à qual sempre ficaria ligado. Quando terminei o ginásio, em 1936, durante o qual não fui bom aluno, passei a levar o estudo a sério. Pela primeira vez, no curso preparatório de um ano para o então terrível vestibular de Engenharia, sob a mencionada direção de Miguel Ramalho Novo – por quem tenho a maior gratidão – me concentrei nesse objetivo. Disciplina e Matemática, desde então, marcaram toda a minha vida.

Cursei a Escola Nacional de Engenharia do Largo de São Francisco, hoje a UFRJ, de 1937 a 1941. Naquela época era tudo bem simples. O professor Dulcídio Pereira dizia e repetia que, além da base matemática, a Engenharia era Física e bom senso. Contávamos com poucas escolas em funcionamento no país e suas turmas eram pequenas. Como aconteceu em outros países, o ensino da Engenharia havia se iniciado em estabelecimentos militares, como a nossa Academia Real Militar, criada por Carta Régia de D. João VI em 1810, que deu origem à Escola Central, em 1858, e depois à Escola Politécnica, em 1874.

Como estudante, participei, segundo a praxe, de manifestações contra a escola, o governo e o mundo, em estilo dominantemente destrutivo, do qual hoje me arrependo. Interessei-me pelos problemas nacionais, atento aos pontos de vista de eminentes engenheiros que tive a oportunidade de ouvir e que ocupavam posição relevante no cenário intelectual do país. Avancei pelo terreno da economia sob a orientação do professor Jorge Kafuri, de quem mais tarde me aproximaria no plano pessoal e profissional, tornando-me seu assistente. Começou aí a minha vinculação simultânea à Engenharia, à Economia e à universidade.

4
MINHA VISÃO DA ERA VARGAS

A Era Vargas é o período que se estende de 1930 a 1954, portanto um quarto de século. Ela se inicia com a revolução que ocorreu em 1930 sob a liderança de Getúlio Vargas, então governador do Rio Grande do Sul. Candidato derrotado à presidência da República, Getúlio contestou os resultados que haviam dado a vitória ao candidato governista Júlio Prestes. Apoiou-se em mobilização interna contra as práticas político-eleitorais da República Velha e da economia do *"laissez-faire"*, que persistiam desde o princípio do século. A crise econômica mundial de 1929 concorreu para o desfecho da questão. Bateu em cheio no preço do café e abalou a oligarquia que até então dominava o país.

Desde a revolução, Getúlio Vargas ocupou posição dominante na vida do país. Os primeiros quinze anos – de 1930 a 1945 – em que exerceu continuamente o governo compreendem três fases: (1) a do Governo Provisório, (2) a do Governo Constitucional e (3) a do Estado Novo, com diferentes configurações políticas.

No Governo Provisório, discricionário e centralizador, durante o qual se pretendeu dar nova organização política ao país, foram dissolvidos o Congresso Nacional, as assembleias estaduais e as câmaras de vereadores. O governo federal nomeou "interventores" nos estados e municípios. Era uma época economicamente difícil, ainda como consequência da crise de 1929. Reclamava-se, no domínio político, da demora em retornar à ordem democrática, principalmente em São Paulo, palco da Revolução Constitucionalista de 1932, que reivindicava eleições livres para uma Assembleia Constituinte. Não obstante o movimento ter sido derrotado, sua principal reivindicação foi atendida e houve eleições para uma Assembleia Constituinte em 1933. Essa assembleia elaborou a nova Constituição e Getúlio foi eleito para exercer a presidência entre 1934 e 1937, período chamado Governo Constitucional.

Nos anos de governo constitucional estavam presentes grande variedade de correntes políticas, em parte reflexo do que se passava na Europa. Papel relevante teve uma organização ideologicamente eclética que se opunha ao governo, denominada Aliança Nacional Libertadora (ANL).

Ao chegar o momento de uma nova eleição presidencial, prevista desde a promulgação da Constituição de 1934, permanecia agitado o ambiente político interno. Os candidatos eram José Américo de Almeida e Armando de Salles Oliveira, lançados por partidos tradicionais. E ainda, Plínio Salgado, pela Ação Integralista Brasileira (AIB).

Antes que a eleição se realizasse, e com o objetivo declarado de evitar os riscos de convulsão político-partidária em razão da presença forte dos comunistas, Getúlio assume novamente poder absoluto com apoio de correntes militares. Ele anula a Constituição de 1934 e dissolve o Poder Legislativo. Inicia-se então o período do Estado Novo, que duraria até 1945 e que se firmou com a eliminação autoritária das oposições.

Os comunistas da corrente stalinista reagiram tentando tomar o poder pela força. Contando com a participação de militares, eles organizaram um movimento em 1935 lembrado como Intentona Comunista, mas foram derrotados pelo governo.

Na ordem do Estado Novo modificou-se a atitude dominante quanto à economia, passando-se a admitir ampla intervenção do Estado nas atividades econômicas. Constituíram-se organismos de "defesa da produção", o primeiro deles sendo o Instituto Brasileiro do Café (IBC), dedicado à economia cafeeira, e o segundo o Instituto do Açúcar e do Álcool (IAA), para cuidar do açúcar e dos usineiros, um para contentar Minas Gerais e São Paulo, outro para o Nordeste. Firmaram-se, em outro plano, como marcos importantes da opção nacionalista os códigos de águas, de minas e florestal, que passaram a regular as atividades econômicas relacionadas a esses recursos naturais, ambos eivados de conceitos contraditórios socialistas e empresariais.

Grandes transformações ocorreram na administração pública e nas relações trabalhistas, com a criação da Justiça do Trabalho e da legislação centrada na Consolidação das Leis do Trabalho (CLT).

Na área agrícola, especialmente no Nordeste, surgiram grupos de trabalhadores rurais organizados em cooperativas, que tinham como objetivo reivindicar a posse da terra em que produziam.

Na energia o quadro era de atraso. Na ausência de boas jazidas de carvão mineral de qualidade, a economia brasileira em 1940 ainda dependia, na proporção de 2/3, da lenha extraída predatoriamente, situação que os Estados Unidos já haviam ultrapassado desde 1850. Intensificou-se, então, o interesse pela expansão da hidroeletricidade e a preocupação com a insuficiente descoberta de petróleo no subsolo do país, que deu origem a longo debate nacional sobre a forma de promover a respectiva indústria extrativa.

O governo criou a Companhia Hidro Elétrica do São Francisco (Chesf) para planejar e construir o Complexo Hidrelétrico de Paulo Afonso. O Nordeste inteiro, na ocasião, tinha cerca de 35% da população brasileira mas só consumia 1% da sua energia elétrica.

Na mineração de ferro encampou-se a Companhia Vale do Rio Doce, cuja história vinha de uma empresa chamada Itabira Iron Ore Company, fundada por Percival Farquhar. O governo nacionalizou-a e deu início a uma exploração mais racional do minério.

5
SEGUNDA GUERRA MUNDIAL E SEUS REFLEXOS NO BRASIL

A Segunda Guerra Mundial havia começado em 1939 com a invasão da Polônia pelas tropas de Hitler, logo após a realização de um acordo entre russos e alemães prevendo a crua divisão desse país, num pacto assinado pelos respectivos ministros, Viatcheslav Molotov e Joachim von Ribbentrop.

O conflito adquiriu progressivamente dimensão mundial, opondo as potências Aliadas às potências do Eixo. Lembro-me de um episódio singular no acompanhamento do que se passava na Europa, onde no dia 1º de setembro havia começado a guerra. No dia 3, ao chegar em casa, encontrei meu pai sentado ao lado do grande móvel que abrigava o rádio e a vitrola Philco, com os habituais estalidos típicos da intensa interferência estática. Ouvinte regular da BBC, ele esperava poder ouvir o anunciado discurso do rei George VI declarando que a Grã-Bretanha estava em guerra contra a Alemanha como consequência da invasão da Polônia. Acompanhei-o nessa audição.

Meio século mais tarde, em uma roda de conversa entre amigos comentava-se o filme que então estava sendo exibido com o título de *O discurso do rei*. Fiz a declaração imprudente de que tinha ouvido o discurso na hora em que foi proferido, para ouvir nítida manifestação de descrença dos presentes. É impactante a percepção de termos visto ocorrer marcos da história.

Após um início de guerra com muito sucesso para a Alemanha, em mais um ato de insanidade Hitler decidiu invadir a União Soviética em junho de 1941. Isso provocou algo tido como improvável: a aliança da ditadura comunista com o bloco democrático, registrada anos depois na famosa fotografia de Franklin Roosevelt sentado entre Winston Churchill e Josef Stálin, na Conferência de Ialta. Nessa conferência, realizada já perto do final da guerra, decidiram-se estratégias para o mundo do Pós-Guerra.

Do outro lado do planeta, a ambição territorial do Japão, que já o levara a invadir a província chinesa da Manchúria em 1931, intensificou-se com o ataque aéreo à esquadra dos Estados Unidos em Pearl Harbor, no Havaí, em dezembro de 1941. A extensão da Guerra ao Pacífico configurava para a Segunda Guerra Mundial uma amplitude geográfica maior que a da Primeira Guerra. Nela pereceriam, segundo estimativas, 15 milhões de militares, além de número incontável de civis, muitos por fome ou doenças. Com forte presença da aviação e dos foguetes alemães V2 conduzindo bombas, foi enorme a destruição material de infraestruturas, indústrias e centros urbanos.

A guerra teve no Brasil, neutro inicialmente, consequências econômicas e a seguir políticas, antes mesmo que o país se envolvesse militarmente no conflito.

Em uma primeira fase a guerra submarina afetou o comércio internacional. Caíram as exportações e tornaram-se difíceis as importações de máquinas e principalmente de petróleo, do qual éramos dependentes. A ideia do álcool a partir da cana-de-açúcar como aditivo na gasolina ainda dava os primeiros passos. A fim de preparar o país para enfrentar as consequências da guerra, o governo instituiu a Comissão de Defesa Nacional e, logo a seguir, a Comissão de Abastecimento, que teve a seu cargo o racionamento de bens escassos.

O governo Vargas manteve durante cerca de dois anos uma atitude indefinida diante da guerra. De um lado havia a afinidade político-autoritária com os países do Eixo; de outro lado pesavam as relações com os Estados Unidos, reforçadas pelo governo Roosevelt mediante programas de ajuda financeira conhecidos como Acordos de Washington, de 1942, que incluíram a instituição do The Export-Import Bank of the United States para financiar a exportação de bens e *commodities* americanas.

Os Estados Unidos concederam ao Brasil empréstimos e facilidades para a implantação da Companhia Siderúrgica Nacional em Volta Redonda, que marcou o início da indústria pesada no Brasil, e para o reaparelhamento da Companhia Vale do Rio Doce, com vistas ao aumento da nossa capacidade de exportação de minério de ferro. Nessa mesma época foi feito um esforço conjunto na campanha da borracha, para extrair na Amazônia o látex que não podia mais provir da Indonésia, ocupada pelo Japão. Infelizmente, tal operação mal planejada resultou em insucesso e na perda de elevado número de vidas de muitos nordestinos que migraram para a Amazônia, chamados de Soldados da Borracha. Posteriormente, em 1988, eles foram reconhecidos como veteranos do esforço de guerra brasileiro, para efeito de pensão.

O Brasil se definiu formalmente em agosto de 1942 ao declarar guerra às potências do Eixo e adotar medidas mais significativas, dentre as quais a garantia de suprimento de matérias-primas vitais para o esforço de guerra dos Aliados. No campo interno institui-se a Coordenação da Mobilização Econômica, com amplos poderes, que durou até o fim da guerra. Em 1943, foi organizada a Força Expedicionária Brasileira (FEB), que entrou em ação no *front* da Itália no ano seguinte.

O fim da guerra se deu inicialmente na Europa, onde a Alemanha se rendeu após o suicídio de Hitler, reconhecendo a derrota em 8 de maio de 1945. No Oriente, o Japão se rendeu depois do lançamento da bomba atômica sobre as cidades de Hiroshima e Nagasaki, em 6 e 9 de agosto.

6

MINHA PRIMEIRA VIAGEM AOS ESTADOS UNIDOS, OS ANOS DE GUERRA E O INÍCIO DO CASAMENTO

Desde o meu período final da Escola de Engenharia eu andava fascinado por Manira, uma moça linda que conheci em uma festa. Ela morava um pouco adiante na própria rua Visconde de Ouro Preto. Era filha do imigrante libanês Felício Alcure e de Francisca, brasileira. Felício Alcure era um comerciante bem-sucedido nos negócios e passava longas temporadas no Líbano.

Manira tinha uma irmã mais velha, Maria, que era casada com o engenheiro Jorge Kafuri, meu professor na Escola Nacional de Engenharia do Largo de São Francisco e de quem eu viria a ser assistente, como mencionei anteriormente.

As minhas escapadas para conversas na casa de Manira ganhavam logo, nos diálogos familiares, afiadas estocadas de meu pai, com seu humor peculiar: "Onde está o Antonio?", "Ora", dizia ele, "Deve ter dado um pulo no Oriente Próximo".

Ao fim da Escola de Engenharia, já durante a Segunda Guerra Mundial, foi-me oferecido um estágio de seis meses em uma indústria dos Estados Unidos, em Nova Jersey, nos arredores de Manhattan, sob patrocínio do Coordinator of Inter-American Affairs, cargo então exercido por Nelson Rockefeller – que me entrevistou. Eu trabalharia na The Worthington Pump and Machinery Corporation, empresa industrial americana fabricante de bombas centrífugas, compressores e turbinas de vapor que oferecia ótimos empregos aos engenheiros.

Não obstante o relacionamento afetivo com Manira, que se aprofundava, ponderei que a ausência seria de apenas seis meses e aceitei a proposta. Viajei em dezembro de 1941, no último navio de passageiros que partiu do Brasil para os Estados Unidos, logo depois do ataque japonês a Pearl Harbor.

Cheguei a Nova York no dia 29 de dezembro, dois dias depois de os submarinos alemães terem torpedeado os primeiros navios cargueiros na costa leste do país. O conflito no Atlântico Norte, entre os submarinos alemães e os navios que levavam os suprimentos americanos para a Inglaterra, provocou um esforço dos estaleiros americanos, que passaram a produzir novos navios em tempo recorde.

Eram poucos os profissionais brasileiros que iam trabalhar nos Estados Unidos. Ao entrar como estagiário no departamento de teste de equipamentos da Worthington e vestir macacão de jeans, a primeira tarefa que me deram foi limpar internamente um tanque que havia servido de depósito de óleo. O tanque tinha uma única entrada de 50 cm de diâmetro. Durante vários dias por ela eu entrava com estopa e balde, e saía só para o almoço. Fiquei pensando: afinal, foi para isso que vim para os Estados Unidos?

Após outras tarefas, semanas mais tarde, o engenheiro-chefe Russell McBath perguntou-me: "Você se lembra daquele tanque de óleo?" Obviamente me lembraria por toda a vida! Ele explicou: "Para nós, os brasileiros que por aqui aparecem são estritamente *white-collar*[1]. Precisávamos saber como você reagiria à missão do tanque."

Enquanto corriam as primeiras semanas do meu estágio na Worthington intensificava-se a convocação de engenheiros americanos para o serviço militar, e ofereceram me efetivar como engenheiro,

---

1 N. E.: Funcionários que realizam apenas tarefas administrativas e executivas, por oposição aos *blue-collar*, que exercem trabalhos técnicos e braçais.

o que implicava a prorrogação da minha ausência do Brasil. Decisão difícil. Aceitei. Não fiz Mestrado nem Doutorado. Trabalhei de macacão no chão de fábrica. Tive o primeiro entendimento da organização americana, presenciei a eficiência do esforço de guerra e acompanhei diariamente as notícias que chegavam das frentes de combate.

Não consegui permanecer muito tempo distante do que me aguardava no Brasil: Manira. Desisti do emprego para voltar ao meu país em meados de 1943, quase dois anos após a minha ida.

Ao chegar no Rio de Janeiro, fui logo convocado para o serviço militar como oficial da reserva. Não me enviaram para a Itália. Em face do meu recém-adquirido conhecimento da língua inglesa, servi até 1944 na Comissão de Recebimento de Material dos Estados Unidos, o que tornou possível o meu casamento. Funcionalmente, transferiram-me no ano seguinte para a Comissão de Planejamento Econômico, criada no âmbito do Conselho de Segurança Nacional. Logo depois chegavam ao fim, quase ao mesmo tempo, a guerra e o primeiro período de Getúlio Vargas na presidência, que durara quinze anos.

Manira e eu começamos, então, a formar nossa família a partir do casamento em 1945. Não havia dúvida de que ambos desejávamos compartilhar as nossas vidas para sempre. Tivemos seis filhos, tendo perdido Roberto com dois anos de idade. Mantivemos com nossos filhos boas relações durante as desafiadoras fases da infância e adolescência.

Quando nos casamos, tivemos uma boa surpresa. Um amigo da família, o dr. Buarque de Macedo, nos disponibilizou um apartamento para alugar em um edifício de sua propriedade. A crise habitacional era tão grande que até isso era dificílimo de conseguir na ocasião.

Fomos morar nessa excelente moradia, no edifício Barão de Lucena. Esse edifício, que fica na esquina da rua São Clemente, ainda existe. Com o crescimento da família, em 1950 nos mudamos para a casa onde moro até hoje, no Jardim Pernambuco, no final do Leblon.

Meu pai considerava uma verdadeira insanidade irmos morar "naquela lonjura".

Casado, eu me dedicava à atividade acadêmica, como professor da Escola de Engenharia, atuando em terreno cada vez mais próximo da Economia. Além disso desenvolvia trabalhos de consultoria e pesquisas no escritório criado pelo professor Jorge Kafuri, em geral realizando estudos técnicos e econômicos sobre os mais variados setores produtivos.

Assim, acompanhei e participei de vários momentos importantes do desenvolvimento econômico no período do Pós-Guerra e da volta ao poder, em 1950 – dessa vez pelo voto – de Getúlio Vargas.

7
COMISSÃO DE PLANEJAMENTO ECONÔMICO E EQUIPE DA RENDA NACIONAL

A Comissão de Planejamento Econômico, da qual participei como secretário desde o seu nascimento, foi instituída no Brasil em setembro de 1944 para planejar a economia do Pós-Guerra. Tinha composição eclética, como era do gosto do presidente Getúlio Vargas.

Travou-se ali, no âmbito dessa comissão, na grande mesa-redonda do Ministério da Fazenda, o histórico debate entre dois proeminentes pensadores: Roberto Simonsen e Eugênio Gudin. O debate durou vários dias, envolvendo réplicas e tréplicas diante de um plenário atento e, em sua maioria, perplexo. Por vezes dominavam questões ideológicas e, por outras, pragmáticas.

Tudo começou com a discussão de um parecer apresentado por Roberto Simonsen, líder industrial de São Paulo, no Conselho Nacional de Política Industrial e Comercial, em agosto de 1944, e que se referia frequentemente ao relatório da Missão Cooke, enviada ao Brasil pelo governo americano em 1942. Dele haviam participado técnicos brasileiros.

Temas centrais da apresentação de Simonsen eram a estagnação das atividades tradicionais e a necessidade de industrialização. A fim de sanar as deficiências ele propunha a mobilização nacional e a planificação da economia brasileira de forma a aumentar a produtividade e criar as riquezas necessárias para o país alcançar suficiente renda nacional. Para isso atribuía ao Estado a condução do processo de planejamento. Simonsen teve a infelicidade de utilizar com certa insistência dados estatísticos sobre a economia brasileira originados no Ministério da Indústria e Comércio, baseados em um conceito equivocado de renda nacional. Seus dados foram contestados por Gudin.

Na questão central, ao dar seu parecer sobre a proposta de Simonsen, Gudin expressava posição radicalmente contrária à ideia de planejamento centralizado, que, na sua opinião, levaria ao totalitarismo. Ele considerava a iniciativa privada capaz de conduzir a empreitada se houvesse dedicação à produtividade no setor público e no privado. Cabe registrar que, setenta anos mais tarde, a conquista da produtividade ainda é o maior desafio da nossa economia.

Por sua abrangência e intensidade, as controvérsias da Comissão de Planejamento transformaram-se em marco histórico na definição do caminho do desenvolvimento do Brasil.

Tornou-se óbvio em tais discussões que, entre outras dificuldades, o Brasil não dispunha de informações estatísticas suficientes para o planejamento e a condução da sua economia.

Tive a sorte de estar presente e assistir a esse debate, e assim adquirir melhor percepção da estrutura política e econômica do país.

Nessa ocasião o professor Gudin, engenheiro de formação e um dos maiores economistas brasileiros, resolveu, surpreendentemente, me atribuir a missão de investigar o que havia no país sobre conceito e avaliação da renda nacional. Ainda não se falava em Produto Interno Bruto (PIB).

Dei início ao trabalho e constatei que as pessoas que entrevistei não tinham muito a dizer. O assunto era novo. Com a criação da Fundação Getúlio Vargas (FGV), nela se formou a equipe de Estudos da Renda Nacional, que ficou sob minha responsabilidade. Com a colaboração de Genival de Almeida Santos, conseguimos apresentar a primeira estimativa, ainda tosca, relativa ao período de 1947 a 1949, no número de setembro de 1951 da *Revista Brasileira de Economia* (RBE) da Fundação Getúlio Vargas. Estávamos com mais de uma década de atraso, já que o início da avaliação sistemática da renda ocorreu formalmente nos Estados Unidos em 1937, com a apresentação, no Congresso dos Estados Unidos, do relatório relativo ao período 1929 a 1935, elaborado por Simon Kuznets, do The National Bureau of Economic Research (NBER).

Com a disponibilidade das contas nacionais, iniciou-se no domínio macroeconômico, a partir de 1947, a era das análises quantitativas, que trouxeram maior consistência e objetividade aos debates sobre política econômica brasileira. A questão da industrialização e da aceleração das atividades econômicas passou a ser discutida em novas bases entre políticos, empresários, economistas e engenheiros. Definiam-se, de forma diversa, grupos liberais de um lado e, do outro, defensores de forte intervenção direta do Estado. Elaboravam-se estudos e projetos com vistas ao desenvolvimento do país.

Desde que, em 1944, ingressei na comissão, quase simultaneamente passei a prestar atividades de consultoria em Engenharia Econômica na empresa Ecotec - Economia e Engenharia Industrial S.A., criada pelo professor Jorge Kafuri. Também na mesma época comecei a dar aulas no magistério superior como assistente da cadeira de Estatística e Economia da Escola de Engenharia da UFRJ. Era prática comum, nessa época, o exercício simultâneo de atividade profissional e acadêmica. Foi no desempenho dessa dupla função que fiz o concurso para livre-docente na Escola de Engenharia e, anos depois, em 1952, para professor titular na então denominada Faculdade de Economia e Administração da UFRJ, hoje Instituto de Economia (IE). As atividades não acadêmicas, todavia, eram as que mais me atraíam.

8
INICIATIVAS GOVERNAMENTAIS NO PÓS-GUERRA

No Brasil do Pós-Guerra várias iniciativas governamentais buscaram promover o desenvolvimento, assumindo para o Estado um papel de intervenção na área econômica até então inédito. Ou seja, Simonsen havia perdido a discussão, mas as ideias intervencionistas do Estado na economia ganharam corpo.

Além da já mencionada Companhia Siderúrgica Nacional (CSN) o governo criou a Fábrica Nacional de Motores (FNM), que fabricou caminhões e tratores com tecnologia italiana.

Lançou-se também um programa diversificado, que teve como destaques a constituição da Companhia Hidro Elétrica do São Francisco (Chesf) e da Companhia Siderúrgica Paulista (Cosipa), além da reativação do projeto mais antigo da Companhia Vale do Rio Doce (CVRD).

Enquanto isso foram realizados levantamentos de recursos naturais, com ênfase nos minerais nucleares, que adquiriam maior importância em função das perspectivas da energia nuclear alimentadas pelas pesquisas no período da guerra.

Acentuava-se em todo o mundo o interesse pela busca dos minerais radioativos. O Brasil se inseriu desde cedo nessa exploração de reservas, em virtude da presença do tório nas areias monazíticas do litoral do Espírito Santo. Trata-se de elemento fértil capaz de se transformar em energia nuclear. O tório parecia à época – 1945 – ter muito valor, o que não veio a se confirmar.

Quanto ao urânio, elemento-chave da Era Nuclear, os trabalhos geológicos iniciais se desenvolveram em 1948 no planalto de Poços de Caldas. O urânio ali encontrado era, infelizmente, a parte menor de um complexo que continha minérios de zircônio e molibdênio. A Comissão Nacional de Energia Nuclear (CNEN) contratou a Société des Terres Rares, na França, para elaborar o anteprojeto técnico de tratamento desse minério. A Ecotec, consultora na qual eu trabalhava, foi selecionada para avaliar a economicidade do projeto. Concluiu-se pela inviabilidade da produção de urânio se ela não compreendesse simultaneamente a produção de zircônio, cujo futuro era promissor mas ainda não comercialmente consagrado.

Um programa nacional de prospecção só se iniciaria em 1952, no âmbito de um acordo com os Estados Unidos, coordenado por uma equipe do The U.S. Geological Survey (USGS). Durante oito anos a maioria dos distritos minerais foi testada quanto à radioatividade. No período seguinte, da cooperação francesa, houve grande formação de geólogos recém-egressos das faculdades, compreendendo estágios e cursos de especialização na França. A contribuição principal da equipe do Commissariat à l'Énergie Atomique (CEA) consistiu no estabelecimento da metodologia do trabalho.

Outro projeto relevante foi proposto pelo engenheiro Plínio de Queiroz, especialista em obras de saneamento e que tinha grande prestígio no Instituto de Engenharia de São Paulo. Visionário, ele lançou em 1953, com a colaboração de Martinho Prado Uchôa, a ideia de construir uma usina siderúrgica integrada no litoral de São Paulo, à qual deu o nome de Companhia Siderúrgica Paulista (Cosipa).

A Ecotec foi procurada para preparar um estudo de viabilidade desse projeto. Trabalho de grande vulto, muito maior que qualquer dos estudos que havíamos anteriormente feito. Contávamos com uma ideia e um parecer do professor Lemoine, especialista internacional da área de Metalurgia. Contávamos também com o apoio de Edmundo de Macedo Soares, engenheiro militar que ocupou posição estratégica na concepção e implantação da Companhia Siderúrgica Nacional em Volta Redonda.

Realizada extensa análise de mercado, produzimos um relatório que foi adotado como guia, não obstante críticas tópicas de Lemoine e de outros especialistas. Esse relatório, apresentado ao BNDE então presidido por Ary Torres, deu origem a controvérsias, a maioria de natureza bairrista: motivava-as o lançamento, um pouco mais tarde, em 1956, do projeto Usiminas, também de grande porte, a ser implantado no médio rio Doce.

Em uma solução tipicamente brasileira, decidiu-se que seriam construídas as duas usinas, com grandes ônus para o BNDE e desincentivo à busca de escala econômica de produção.

Esse é um exemplo típico e negativo da interferência de decisões políticas em matéria econômica.

Livro 2
O ESPETÁCULO DO CRESCIMENTO
(1955-1980)

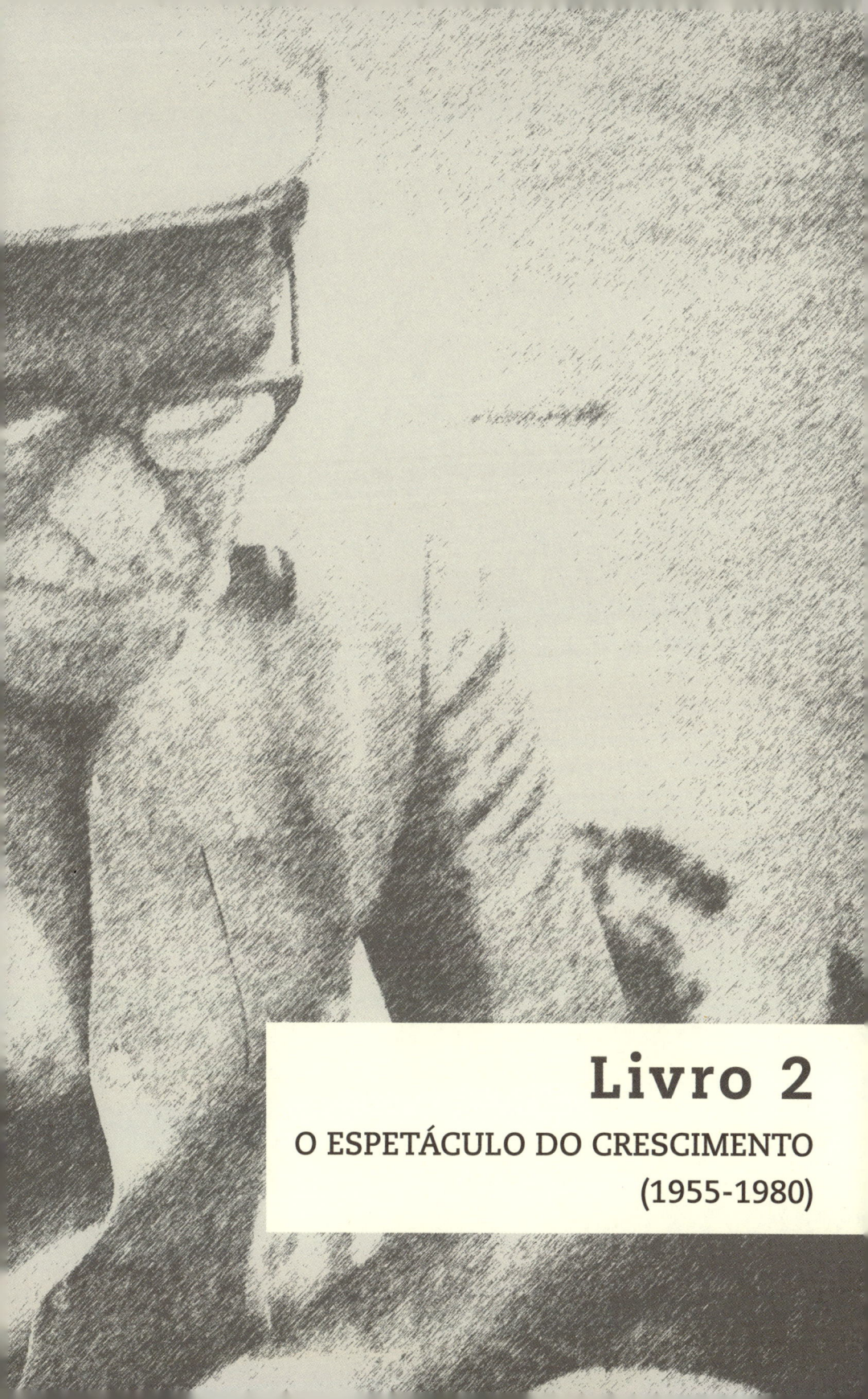

1
O CONTEXTO HISTÓRICO

A partir de 1945 a nítida liderança mundial, em termos econômicos e financeiros, era dos Estados Unidos, embora contestada pela União Soviética, que saíra da guerra fortalecida nos planos político e territorial. Iniciou-se então um longo período de disputa entre as duas potências denominado Guerra Fria. Os demais países se alinharam em dois blocos em torno dessas superpotências. Durante a Guerra Fria esteve sempre presente o risco de guerra nuclear.

Havia, no entanto, um grupo remanescente de nações, entre as quais o Brasil, que foi progressivamente se afastando ora de um, ora de outro lado, que acabou por ser conhecido como o bloco dos "não alinhados". Esse grupo se tornou alvo da competição entre os dois campos opostos. Polarizava-se o pensamento econômico em torno do capitalismo e do socialismo. Do lado soviético, a disputa pelos não alinhados do Terceiro Mundo se fazia com o suporte dos partidos comunistas existentes na maioria desses países, que recebiam recursos, à época caricaturados como "ouro de Moscou". Do lado americano, além do apoio às correntes internas favoráveis ao ideário democrático, o processo de atração se complementava mediante programas de apoio financeiro e bolsas de assistência técnica, favorecendo muitos países em desenvolvimento.

Já antes do final da Segunda Guerra Mundial as perspectivas do Pós-Guerra provocaram o início de entendimentos sobre a reestruturação política mundial. Curiosamente, a primeira iniciativa não foi voltada para uma reorganização geral territorial, a exemplo da ocorrida ao final da Primeira Guerra Mundial, mas sim para a revisão das relações financeiras internacionais, ainda fragilizadas pelas consequências da quebra dos mercados em 1929. Considerou-se necessário estabelecer um novo sistema monetário e, especialmente, estabelecer uma disciplina monetária. Com esse propósito realizou-se, em julho de 1944, a conferência de Bretton Woods. Dela surgiram o Fundo Monetário Internacional (FMI) e o Banco Internacional para Reconstrução e Desenvolvimento (BIRD), também conhecido como Banco Mundial, fundado por 48 países e instalado em Washington em 1948. A União Soviética recusou-se a participar dos dois organismos.

São objetivos do FMI, hoje com 188 países-membros: promover a cooperação monetária global, assegurar estabilidade financeira, facilitar o comércio internacional, promover altos níveis de emprego e desenvolvimento econômico sustentável, além de reduzir a pobreza.

Já o Banco Mundial/BIRD teve a missão de financiar a reconstrução das nações europeias devastadas pela guerra. Posteriormente suas atribuições foram estendidas, passando a compreender a promoção do desenvolvimento econômico em escala mundial e a erradicação da pobreza. Essa atuação foi em grande parte motivada pela preocupação dos países capitalistas de frear a expansão da ideologia comunista.

Os dois organismos, FMI e BIRD, embora tenham vários objetivos comuns, nem sempre se entenderam muito bem em questões controversas relativas a crescimento econômico e estabilidade monetária no âmbito dos países insuficientemente desenvolvidos.

Vale dizer que o Brasil se beneficiou do apoio proveniente do Banco Mundial, no qual os Estados Unidos tinham forte influência.

Posteriormente teve também grande significado para nós o Banco Interamericano de Desenvolvimento (BID).

No campo político-diplomático, o Pós-Guerra trouxe a discussão de uma organização política mundial, ocorrida em São Francisco, na Califórnia, onde representantes dos países vencedores se reuniram em 1945 e redigiram a Carta das Nações Unidas. Os objetivos da organização que ali foi fundada e que substituiria a Liga das Nações, sediada em Genebra, poderiam ser assim resumidos: (1) manter a paz e a segurança internacionais; (2) desenvolver relações amigáveis entre nações; e (3) alcançar a cooperação internacional em problemas econômicos, sociais, culturais e humanitários.

Estavam presentes representantes de quase todas as sociedades do mundo, coisa que há muito tempo não acontecia, já que as sociedades da Europa e do Extremo Oriente se mantiveram distantes durante muitos séculos, em função principalmente de dificuldades culturais, de comunicação e da precariedade dos meios de transporte disponíveis. Havia no entanto uma histórica relação da Europa com o Norte da África. A Revolução Industrial, que deu origem ao rápido desenvolvimento econômico dos países europeus no século XIX, não se estendeu desde logo ao resto do mundo, excetuando-se os Estados Unidos e isso era fonte de grande desequilíbrio entre as nações.

Foi com essa diversidade de representações que se definiu a estrutura da entidade denominada Organização das Nações Unidas (ONU). Ela é administrada por uma Assembleia Geral, que hoje conta com 193 nações-membros e um Conselho de Segurança, este com um número limitado de membros, entre os quais os cinco países Aliados vencedores da guerra: Estados Unidos, Reino Unido, França, Rússia e China, com poder de veto nas votações. A imensa estrutura que foi sendo formada compreende inúmeros conselhos especializados, além de órgãos complementares e comissões regionais, por continente, entre as quais a CEPAL, voltada para a América Latina e Caribe, sediada em Santiago do Chile.

A Guerra Fria se estendeu por 45 anos. No final da década de 1980 a crise econômica mundial que atingiu os países do Leste Europeu enfraqueceu os regimes socialistas. No início dos anos 1990, após a queda do Muro de Berlim – construído pela Alemanha Oriental para impedir a fuga de seus cidadãos para a Alemanha "livre"–, as duas Alemanhas são unificadas. Mikhail Gorbachev, na presidência da União Soviética, põe em prática reformas econômicas que aceleraram o fim do socialismo dogmático, movimento que repercute no mesmo sentido nos países satélites da Rússia.

* * *

Examinando mais detidamente a realidade nacional nesse período do Pós-Guerra vemos que entre 1945 e 1950 o governo do presidente Eurico Gaspar Dutra (manobrado na sombra por Getúlio Vargas), beneficiou-se dos excedentes econômicos gerados em nosso benefício no período precedente, durante o qual foram estatizadas companhias estrangeiras e se reduziu em termos relativos a dívida pública.

Ao se colocar como não alinhado às duas correntes representadas por EUA (capitalista) e União Soviética (comunista), o Brasil procurou uma via própria, evitando a adoção de planos nacionais de recuperação (que tinham sucesso na Europa, como o Plano Marshall). Tentávamos não seguir a fórmula já adotada por outros países.

Levamos anos para conceber e implantar um primeiro plano de desenvolvimento, o Plano SALTE (das iniciais das palavras Saúde, Alimentação, Transporte e Energia). Encaminhado ao Congresso em 1948 pelo presidente Dutra, o SALTE foi implantado em 1950 e abandonado em 1952.

A despeito desse discurso de "independência", nessa fase o Brasil começa a acessar os sistemas de financiamento internacionais criados por iniciativa dos EUA para apoio nas obras de reconstrução pós-guerra. Tanto o Banco Mundial como também, depois, o BID emprestaram grandes somas a projetos de infraestrutura localizados no Brasil.

Quando Getúlio Vargas volta ao poder, em 1950, dessa vez eleito, as iniciativas de investimento governamental se dividem entre esses novos moldes "internacionais" e o velho recurso de conduzir programas ambiciosos via emissão de moeda sem lastro, que começa a gerar inflação crescente, carestia, desabastecimento e insatisfação popular. Getúlio oferece os tradicionais paliativos: salário mínimo reajustado, grandes projetos "emblemáticos", discursos populistas. Na prática, nada muda em relação ao passado patrimonialista.

A situação no Brasil, refletindo um ambiente de crise econômica e corrupção de governo, leva a uma crise política. Getúlio Vargas acaba, sob grande comoção, suicidando-se em 1954 ao constatar que a corrupção e a vontade de perpetuação no poder a qualquer preço haviam se instalado em escala incontrolável em seu círculo de colaboradores mais íntimos.

Após episódios diversos, mas respeitado o calendário político, Juscelino Kubitschek de Oliveira – ou JK, como era conhecido – ex-governador de Minas Gerais, é eleito presidente da República e toma posse. Homem de habilidade política inquestionável e grande magnetismo pessoal, empenha-se em um projeto modernizador para o país, focado nos eixos transporte e energia, e em um polo: a criação e a transferência da sede do poder para uma nova capital, Brasília, no interior do Brasil.

Com esses objetivos, libera enormes incentivos para a indústria nacional investir em setores tradicionais como cimento, metalurgia e siderurgia. Atrai parcerias internacionais em segmentos variados, especialmente na indústria automobilística e toda a sua cadeia de produção. O BNDE torna-se muito ativo no financiamento à energia, especialmente na construção de hidrelétricas, que já haviam começado com a criação da Companhia Energética de Minas Gerais (Cemig), quando JK governava Minas Gerais. O desenvolvimento da malha rodoviária é fantástico: abrem-se 13.000 km de estradas e pavimentam-se 7.000 km. No final do seu governo transfere-se a capital para Brasília.

Essas obras todas nem sempre foram realizadas com os devidos cuidados. Acusações de corrupção permearam o seu governo. Particularmente nefasta foi a elevação da inflação causada pelo desvio do orçamento da Previdência Social – que deveria se constituir em reservas destinadas a aposentadorias e pensões – para a construção de Brasília.

O clima de otimismo, a explosão de uma nova cultura urbana, na literatura o surgimento de nossos grandes cronistas; na música a Bossa Nova, e uma visão de que o nosso destino se encaminhava para a concretização das profecias otimistas tão imbuídas no nosso ideário nacional, tudo isso animava a todos.

Quando Juscelino entregou a presidência ao seu sucessor eleito, Jânio Quadros, a expectativa de um governo austero foi cedo frustrada, pois Jânio renunciou sete meses depois. Seu vice-presidente deveria assumir. O Brasil caiu em um clima de total instabilidade com João Goulart (Jango), um presidente fraco, populista e sem projeto factível para o complexo país que havíamos nos tornado: urbano, pobre, com grandes ambições de resolver todos os seus problemas ao mesmo tempo.

Jango propõe um rosário de reformas: urbana, rural, habitacional etc. Mas nada saiu do papel. Quanto menos ele realiza, mais atribui culpa a "forças externas" - e mais faz promessas. Jango finalmente é deposto por golpe militar, após anunciar novos planos que geraram extremo incômodo para o *establishment* civil e militar.

Com a sua saída do poder, o Brasil passa a ter uma sucessão de governos militares muito inspirados na velha filosofia positivista da "ditadura esclarecida", porém com descarte ao culto da personalidade do líder. Os governantes se sucedem ao final do mandato, sem reeleições.

O mote agora é o conceito dual de "segurança e desenvolvimento", uma releitura do lema "ordem e progresso". Assim, o governo acaba trilhando um caminho peculiar e próprio.

O Brasil de então não era um regime muito transparente para os Estados Unidos da América: o país líder mundial do bloco anticomunista preferiria um regime mais alinhado, embora aplaudisse a obsessão anticomunista dos nossos governantes.

No início dos governos militares a ordem, a racionalidade nas decisões econômicas, bem como uma observável redução da corrupção na área pública, produziram efeitos positivos e o regime ganha grande suporte popular.

Após um período de ajustes na economia, reestabeleceu-se a ordem nas finanças públicas e reduziu-se a inflação, com modesta recuperação do crescimento. Isso permitiu que nos anos de 1973 a 1979 voltássemos a crescer, alcançando a média anual de 10% no período, com simultâneo decréscimo da inflação para o nível de 15%, um ritmo aceitável para os padrões da época.

Não sou totalmente isento ao comentar esse período, já que estive à frente do Ministério de Minas e Energia, no esforço de promoção do desenvolvimento coordenado pelo ministro Delfim Netto.

Depois dessa época de prestígio da economia brasileira no cenário mundial passamos por um período de forte oscilação do ritmo de crescimento e declínio da formação bruta de capital fixo, cuja relação com o PIB caiu abruptamente de 41% para 15% a partir de 1980. Essa fase terminou com o colapso da economia brasileira, em 1981.

Seguiram-se quase duas décadas – anos 1980 e 1990 – com crescimento medíocre e descontrole da inflação. Somente após o Plano Real, em 1994, se começa a vislumbrar a recuperação econômica de forma sustentável.

* * *

No plano familiar, esse foi um período rico de experiências, com Manira e nossos seis filhos vivendo em uma casa grande, em bairro então afastado, levando, assim, um modo de vida clássico, com relação íntima entre pai e filhos, sob a sábia orientação da mãe.

É o período em que as minhas crianças se transformam em homens e mulheres. E eu ganho maior visibilidade pública ao longo da minha passagem pelo Ministério de Minas e Energia, e posteriormente a ela.

Integrar o governo não significava participar de todas as suas atitudes e medidas. O que me movia, e também a muitos outros ministros, era a enorme tarefa de desenvolver o Brasil, tirando-o do atraso em relação ao Primeiro Mundo. Nessa missão empenhei-me vigorosamente. Os temas ligados à repressão, que marcaram a lembrança dos anos dos militares no poder, sequer eram mencionados em reuniões ministeriais ou em despachos com o presidente.

Os resultados econômicos desse período ficaram conhecidos como o "milagre brasileiro", com o Produto Interno Bruto crescendo a taxas superiores a 10% ao ano!

2
JK E O DESENVOLVIMENTISMO

O lema do presidente Juscelino Kubitschek era alcançar "cinquenta anos de progresso" ao longo do seu mandato de cinco anos – 31/01/1956 a 31/01/1961 –, dando impulso à política desenvolvimentista. Democraticamente eleito em 1955, ele teve Juarez Távora como seu principal opositor no pleito.

Após um princípio de mandato tumultuado, JK habilmente assegurou a estabilidade política. Organizou equipes de formação técnico-científica e instituiu programas de incentivo ao desenvolvimento industrial. Figura central desse processo foi o engenheiro Lucas Lopes, que na presidência do Banco Nacional de Desenvolvimento Econômico (BNDE) e depois no Ministério da Fazenda coordenou, em parceria com Roberto Campos e o almirante Lúcio Meira, a elaboração do Plano de Metas, um esforço para alongar o horizonte do planejamento econômico e social. Objetivos centrais se estabeleceram nos setores de infraestrutura, transportes e energia. Foi implantada a indústria automobilística, com investimentos das grandes empresas estrangeiras do setor, enfrentando fortes críticas dos nacionalistas de sempre, alguns dos quais queriam reinventar o automóvel.

No entanto, para o público nacional e internacional, o fato marcante do governo Kubitschek foi cumprir a promessa de campanha e construir uma nova capital em Brasília. A responsabilidade pelo projeto foi dos arquitetos Lúcio Costa e Oscar Niemeyer, e a coordenação de sua execução coube a Israel Pinheiro, que presidia uma empresa governamental denominada Companhia Urbanizadora da Nova Capital do Brasil (Novacap).

Com o intenso processo de industrialização, o crescimento econômico do país chegou a superar 9% ao ano. Mas, cresceu também a inflação, impulsionada pelos gastos com as obras de Brasília. À exceção do ano de 1957, a taxa média anual variou entre 20 e 40%. No mesmo período cresceu a dívida externa, que se elevou para US$ 3,9 bilhões, valor significativo para a época.

Tornou-se possível pelo Sistema de Contas Nacionais, em cuja implementação eu tanto havia trabalhado, estimar a evolução no Brasil. Em 32 anos, de 1948 a 1980, o crescimento oscilou entre 5 e 10% ao ano, ficando em média em 7,5%, um feito considerado notável.

O período desenvolvimentista, que havia se acelerado no governo Juscelino Kubitschek, declinou com a instabilidade política dos governos Jânio Quadros e João Goulart, com queda abrupta do ritmo de crescimento no período de 1962 a 1964. Depois esse crescimento se recuperou.

Mas a história guarda que, entre seus êxitos e tropeços, o governo de JK marcou um período em que o Brasil passou a acreditar em si mesmo. Ao terminar o seu mandato ele presidiu com isenção o pleito de 1960, em que foi eleito o candidato da oposição, Jânio Quadros, tendo como vice-presidente João Goulart, que já havia sido vice-presidente de Juscelino e se candidatara novamente a vice pelo partido do governo. Na legislação da época tal contrassenso – eleição independente do presidente e do vice-presidente – era possível.

3
EISENHOWER FELLOWSHIPS

Meu trabalho como professor na área econômica e como consultor técnico na estruturação de projetos econômicos e industriais na Ecotec me facultara acompanhar profissionalmente várias iniciativas ao longo dos primeiros anos desse período. Eu ia ganhando conhecimentos e relacionamentos. E amadurecendo a minha visão sobre os caminhos para um desenvolvimento sustentável do Brasil, que deveria se amparar no realismo econômico, no alcance de vários objetivos sociais que legitimassem os projetos, no respeito básico a condições ambientais e, sem dúvida, no equilíbrio econômico-financeiro.

Um dia, no tempo em que era tranquilo andar a pé pelo centro do Rio de Janeiro, encontro o professor Gudin na rua da Quitanda. Ele, engenheiro de formação como eu, na ocasião o mais respeitado economista brasileiro, havia sido ministro da Fazenda do governo Café Filho. Disse-me que estava responsável por sugerir um nome a quem pudesse ser oferecida uma bolsa de estudos nos Estados Unidos pela Fundação Eisenhower Fellowships. Pensavam em mim.

Essa Fundação era uma entidade privada, sem fins lucrativos, criada em 1953 por um grupo de americanos para honrar o presidente Dwight Eisenhower por sua contribuição em prol da humanidade.

Propunha-se a convocar profissionais em meio de carreira, de 32 a 45 anos de idade, de todas as partes do mundo. A intenção era ampliar sua capacidade de liderança, alargar sua rede de contatos e uni-los em uma comunidade eclética que pudesse contribuir para um mundo mais próspero, justo e pacífico. No ano de 1960 fomos quarenta os participantes, os "*fellows*", do programa.

Tratava-se, no meu caso, de conhecer o funcionamento da economia norte-americana em sua variedade e extensão. A bolsa não compreendia nenhuma atividade acadêmica. Seriam dez meses de incessantes viagens, segundo roteiro a ser escolhido de comum acordo entre a fundação e cada *fellow*. Com seu programa proposto, o convite se estendia ao cônjuge por três meses. Para assegurar a mobilidade oferecia-se o aluguel de um carro pelo tempo que fosse necessário.

O professor Gudin considerou que provavelmente eu não aceitaria o convite, dada a minha "filharada" (expressão que empregou na nossa conversa). No entanto, Manira concordou, apoiada em generoso oferecimento da sobrinha Fernanda Ribeiro de ficar com nossas cinco crianças durante os três meses críticos. Voltei ao professor Gudin para aceitar a oferta. Fernanda cuidou das crianças com grande sucesso.

A viagem se estendeu de janeiro a setembro de 1960 e compreendeu um percurso de 14.000 milhas pelo território americano. Atravessamos 27 estados, ficando por algum tempo mais fixos em cinco cidades. Fomos recebidos na residência de dez famílias. Participamos da reunião de todos os *fellows* daquele ano com o presidente Eisenhower na sala oval da Casa Branca. Para surpresa nossa, além do formal aperto de mão ocorreu extensa conversa com ele, que discorreu sobre suas preocupações com problemas das relações internacionais.

As visitas e discussões realizadas em caráter individual foram orientadas para o problema central de promover o crescimento econômico, envolvendo três objetivos: (1) alcançar maior eficiência no uso da mão de obra e dos recursos naturais, (2) maior produtividade no emprego de tais recursos no âmbito de cada unidade produtiva e (3) aperfeiçoamento da mão de obra mediante educação e treinamento técnico. Cinquenta anos mais tarde esses temas continuam requerendo providências no Brasil.

É importante registrar que, devido ao prestígio dos componentes do Conselho da Fundação e reconhecendo os elevados objetivos da própria entidade, nas empresas e instituições que visitávamos éramos recebidos por administradores e técnicos do mais alto nível, que se dispunham a dedicar grande atenção às nossas visitas. No meu caso foram quarenta entrevistas. Esse fato tornou-se marcante para mim quando redigi, na Filadélfia, o relatório detalhado da viagem e pude refletir com mais calma sobre o alto nível dos contatos que me foram proporcionados, por meio dos quais tive a oportunidade de complementar minha visão de mundo.

No retorno ao Brasil, comecei a me liberar das fronteiras da academia e a realizar conferências e palestras para públicos mais amplos. Instado por amigos, publiquei uma série de artigos no *Jornal do Brasil*, que em meados dos anos 1960 era o veículo de comunicação mais importante da imprensa. Esses artigos delineavam estratégias para o crescimento econômico do Brasil que começaram a ser vistas como caminhos alternativos ao forte "ajuste recessivo", no momento em que sofríamos para corrigir os excessos inflacionários dos períodos precedentes.

Minha visão em relação aos excelentes economistas do governo, reunidos em torno da dupla Roberto Campos (Planejamento) e Otávio Gouvêa de Bulhões (Fazenda), deles se distanciava dado o meu diferente *background* de formação e experiência, decorrente da vivência no chamado "mundo real" – o mundo dos projetos, da indústria, das empresas de engenharia. Depois dos anos Juscelino o país buscava reencontrar o caminho para realizar seus objetivos de desenvolvimento.

4

JÂNIO QUADROS, PERSONALIDADE EXCÊNTRICA. INÍCIO DO GOVERNO JANGO, NOVAS ATIVIDADES

Jânio Quadros, natural de Campo Grande-MS, fez carreira política em São Paulo, elegendo-se vereador, prefeito da capital e governador do estado, até concorrer à Presidência da República nas eleições de 1960. Tratava-se de personalidade excêntrica, que provocava reações diversas.

Tive ocasião de conhecê-lo pessoalmente quando ele ainda era governador de São Paulo. Acompanhei o engenheiro Plínio de Queiroz em visita para expor a sua concepção de uma siderúrgica, a Cosipa, a ser construída no município de Cubatão no litoral do estado de São Paulo. Foi um encontro objetivo com um homem tranquilo, centrado na discussão da proposta em pauta. No entanto, à mesma época havia quem tivesse opinião diferente a seu respeito, considerando-o um desequilibrado. Contou-me o professor Gudin que, intrigado com as esquisitices do personagem que emergia no cenário político nacional, consultou Assis Chateaubriand, grande jornalista da época, que teria respondido: "Veja, eu sou considerado meio louco, mas é só por fora. O Jânio é por fora e por dentro."

Em episódio surpreendente, Jânio Quadros, em 1961, após apenas sete meses no cargo, renunciou à presidência. O vice-presidente João Goulart se encontrava na China acompanhado de lideranças trabalhistas, estudando as comunas populares. Na China, Jango teria revelado sua intenção de criar, também no Brasil, uma república popular.

No governo de Jango foram estabelecidas estruturas e adotadas medidas com inspiração socialista e populista em vários setores da administração pública. Houve especial incompetência em alguns casos, como na distribuição de energia elétrica e na coordenação da pesquisa de recursos minerais.

Jango também não esperava e nem estava preparado para a difícil missão que envolvia o controle da agitação política reinante, em parte provocada pela esquerda comunista, mas também pelo próprio populismo do governo, com promessas de benefícios e vantagens impossíveis de se concretizarem a curto prazo.

Na sociedade exacerbava-se desde 1961 o processo de radicalização de posições. Algumas organizações de esquerda defendiam a luta armada com o objetivo de implantar a ditadura revolucionária. Esses movimentos acompanhavam o que se passava no exterior, na América Latina, notadamente em Cuba.

Em face da predominância de problemas de pobreza na área agrícola, desde o princípio da década de 1960 movimentos que defendiam a reforma agrária e a tomada do poder pela força se concentravam no setor rural. Era, portanto, um quadro muito diferente dos movimentos urbanos a que estamos assistindo neste século XXI, focados em mobilidade, habitação etc., ou seja, em problemas eminentemente urbanos.

Figura proeminente era Francisco Julião, que chefiava as Ligas Camponesas e estivera em Cuba, em 1960 e 1961, para se instruir com Fidel Castro. Ao mesmo tempo o governador Leonel Brizola organizava os "Grupos dos Onze", apregoados como embrião do que seria um "Exército Popular de Libertação".

Os governadores Adhemar de Barros, em São Paulo, e Carlos Lacerda, na Guanabara, procuravam resistir a esse ambiente.

O governo chegou a anunciar um conjunto de "reformas de base", mas nenhum dos objetivos propostos progrediu. A economia do país ia de mal a pior. Perdeu-se o controle da inflação, que se tornou explosiva, e a economia entrou em colapso. Estava difícil escolher uma orientação de política econômica. Foram sete ministros da Fazenda em nove meses.

A crise mobilizava uma invulgar participação de vários segmentos da sociedade civil na discussão de rumos para o nosso país. Neste contexto, participei da criação da SPES-*Síntese Política, Econômica e Social*, ou, simplesmente, *Revista Síntese*.

Criada no início da década de 1960 na Pontifícia Universidade Católica do Rio de Janeiro (PUC-Rio) e dirigida pelo padre jesuíta Fernando Bastos de Ávila S.J., a revista trimestral *Síntese Política, Econômica e Social* reunia periodicamente um pequeno grupo de pessoas interessadas em avaliar construtivamente a situação do país. Fiz parte desse grupo como responsável pela parte econômica. Os outros redatores eram Raul Lima na parte política, Paulo Sá na área social e Alfredo Lamy Filho nas apreciações globais. Havia sempre artigos escritos por convidados.

Foi educativo para mim o convívio com Alfredo Lamy Filho e o aprofundamento nas questões de Direito, com que eu tinha me familiarizado anteriormente no convívio com José Luiz Bulhões Pedreira. Essas questões não haviam, até então, sido objeto de estudo formal de minha parte. Esses dois grandes advogados trabalharam juntos em diversos temas relevantes, entre os quais a modernizadora Lei das Sociedades Anônimas, além de produzirem vários livros importantes no campo do Direito.

5
SAN TIAGO DANTAS

Diante de um quadro de completa desorientação na área econômica, San Tiago, um dos mais brilhantes brasileiros do século XX, foi convidado para o Ministério da Fazenda em janeiro de 1963, sob protesto da ala política chefiada por Leonel Brizola, que o acusava de entreguista, ou seja, "vendido a interesses imperialistas". Desde logo ele definiu, em longo e memorável discurso, possivelmente pela primeira vez no Brasil, o conceito de Projeto Nacional: "Com a certeza de que a sobrevivência da democracia e da liberdade, no mundo moderno, depende de nossa capacidade de estender a todo o povo os benefícios, hoje reservados a uma classe dominante, dessa liberdade e da própria civilização (...) com a convicção de que nenhum projeto nacional é valido se não lograr inserir o país no rumo histórico do seu tempo e superpor harmonicamente o nacional e o universal".

A seu convite, passei a integrar o ministério como subsecretário para Assuntos Econômicos. Estive cerca de seis meses nesse cargo.

San Tiago tentou, sem sucesso, organizar uma frente única das esquerdas para oferecer suporte consistente ao governo Goulart e encontrar um caminho que restabelecesse a ordem nas finanças públicas e nas contas externas. Formou uma pequena equipe com José Vieira Coelho e José Gregori nos gabinetes do Rio e de São Paulo, da qual também fizemos parte, Marcílio Marques Moreira e eu, para apoiá-lo nos embates econômicos. O presidente Goulart estava dividido entre a confiança na capacidade de San Tiago e a insistência dos grupos esquerdistas liderados por Brizola, aos quais San Tiago apelidou de "esquerda negativa".

Nessa ocasião, houve um momento em que San Tiago julgou necessário ir a Washington discutir a dívida externa. Para início das negociações Roberto Campos, nosso embaixador em Washington, organizou um almoço presidido por San Tiago e que reunia as pessoas envolvidas, de ambos os lados. O embaixador Carlos Alfredo Bernardes, nosso representante junto às Nações Unidas, não compareceu. Puseram-me para preencher o seu lugar ao lado de David Bell, subsecretário do Departamento de Estado para a América Latina, o que me propiciou uma interessante conversa, principalmente quando se tratou da preocupação americana com o risco comunista no Brasil.

Enquanto estávamos nos Estados Unidos, Brizola, aqui no Brasil, trabalhava em sentido contrário. San Tiago já voltou derrotado na sua tentativa de salvar as finanças do governo Goulart e então deixou o Ministério da Fazenda. O país continuou na rota do desastre financeiro fomentador do golpe militar de 1964, que destituiu o governo e instituiu em seu lugar, até 1985, uma organização autoritária vigente.

6
GOVERNOS AUTORITÁRIOS

A sequência de governos autoritários compreendeu quatro estilos de administração.

No primeiro período, com o presidente Humberto de Alencar Castello Branco e seus ministros Roberto Campos e Otávio de Bulhões, tratou-se, antes de mais nada, de restabelecer a ordem nas finanças do país, alcançando-se inflação decrescente.

Ao longo dessa fase, entre 1964 e 1966, acompanhei a evolução da economia do país e publiquei longos artigos no *Jornal do Brasil*, depois reunidos no livro *Caminhos do desenvolvimento*. Essa atividade de autor de propostas se estendeu até o meu engajamento no governo, a partir de 1967.

O segundo momento se deu com o presidente Artur da Costa e Silva, e a seguir com o presidente Emílio Garrastazu Médici e a continuada coordenação econômica do ministro Delfim Netto. O objetivo prioritário foi retomar um robusto crescimento econômico. Fomos bem sucedidos, tendo-se alcançado, entre 1968 e 1974, um ritmo médio anual de crescimento superior a 7%, com inflação decrescente. Participei dessa fase, primeiro na presidência da Companhia Vale do Rio Doce e, a seguir, no Ministério de Minas e Energia.

O presidente da terceira fase foi o general Ernesto Geisel. A economia continuou a crescer, embora em ritmo menor. Ao final desse período a inflação, alimentada por um programa ambicioso de investimentos, se acelerou, atingindo 110% em 1980.

No domínio econômico, em sua fase inicial os governos militares marcaram presença com forte impulso de desenvolvimento da infraestrutura, notadamente na geração de energia e no programa habitacional, com o Banco Nacional de Habitação (BNH), que passou a dispor de recursos do Fundo de Garantia do Tempo de Serviço (FGTS), criado no início dos governos militares.

Logo em 1964 começou a ter maior presença a Centrais Elétricas Brasileiras (Eletrobras), criada por João Goulart em 1962, mas que mal havia saído do papel. A empresa teve inicialmente a presidência de Otávio Marcondes Ferraz, seguida pela de Mário Bhering. Escolado pela experiência de diretor e presidente da Cemig, Bhering foi muito bem sucedido na estruturação da empresa como uma grande condutora de projetos.

Isso a habilitou a implantar, através das empresas controladas Furnas, Chesf, Eletrosul e Eletronorte, empreendimentos de vulto como grandes hidrelétricas e a construção do sistema interligado nacional de transmissão. Uma década depois, o lançamento de Itaipu Binacional, ainda hoje a usina hidrelétrica de maior produção de eletricidade do mundo, coroava tal demonstração de competência.

No domínio político, os militares, sempre tendo em mente "concluir a sua obra redentora", bloquearam enquanto puderam o retorno ao pleno regime democrático. Ficaram estigmatizados pela truculência utilizada na repressão aos movimentos de esquerda. Esses fatores desgastaram o apoio da sociedade ao governo, apoio este tão presente em seu início autoritário no ano de 1964. A partir de meados da década de 1970 o regime mostra sinais de perda de vigor, e em 1977 fez uma relativa abertura com um conjunto de medidas designado "Pacote de Abril".

O quarto e último período de governo militar, de 1978 a 1985, com o presidente João Baptista de Oliveira Figueiredo, foi marcado pela implantação da abertura e de anistia a todos os envolvidos, seja em movimentos antigovernamentais, seja em sua repressão. Prevaleceu a ideia da "anistia ampla, geral e irrestrita" como cimentadora de uma nova etapa do país, que deveria então emergir.

7
PRESIDÊNCIA DA COMPANHIA VALE DO RIO DOCE

A Companhia Vale do Rio Doce (CVRD) resultou da encampação de várias mineradoras estrangeiras, efetuada em 1942 pelo governo de Getúlio Vargas.

O pano de fundo dessa iniciativa foi o incentivo dos Estados Unidos para que o Brasil se tornasse um fornecedor de minério de ferro àquele país.

Nos vinte anos seguintes a empresa não se destacou muito, o que só veio a mudar com a ida para a sua presidência do engenheiro Eliezer Batista, que anteriormente havia sido, muito jovem ainda, ministro de Minas e Energia do governo João Goulart.

Ao assumir a presidência da nova companhia, Eliezer Batista não se conformava, em face do potencial da empresa, com a posição que ela ocupava no mercado internacional. Eliezer observava também a expansão do mercado, que ocorria com o surgimento da indústria siderúrgica japonesa, então crescendo velozmente. O Japão, porém, estava do outro lado do mundo. Era necessário encontrar solução eficiente e de baixo custo para o transporte do minério. A chave parecia estar no navio graneleiro de grande porte, cuja dimensão, à época, era de 100 mil toneladas, associada a terminais de carga, no Brasil e no Japão, dotados de canais de acesso compatíveis com o calado dessas embarcações. Surgiu daí a ideia da associação com os japoneses, concebida por Eliezer, para a construção em Vitória do terminal de Tubarão, com garantia de contratos de longo prazo entre a CVRD e as siderúrgicas japonesas.

Quanto à estrutura da empresa, o consultor Glycon de Paiva sugeriu a Eliezer que contratasse a assistência da Ecotec, e o levou a Jorge Kafuri e a mim para uma entrevista que resultou, de imediato, em contrato de prestação de serviços. Foi nesse dia que conheci Eliezer, com quem viria a ter vários e duradouros entendimentos, não só a respeito da Vale, mas também de outros empreendimentos que ele estava sempre propondo, entre os quais o do reflorestamento.

Nossos trabalhos na Vale nos levaram a conhecer essa grande empresa em toda a sua extensão, incluindo méritos e defeitos, objetivos e dificuldades. Fiquei conhecendo também Eliezer em caráter pessoal, relacionamento este que se tornou permanente e se estendeu às nossas esposas, Manira e Yuta, que se tornaram grandes amigas. Mais tarde elas compartilharam viagens que fizemos ao Japão e à Europa para promover a exportação do minério de ferro brasileiro.

Em consequência dos acontecimentos políticos de 1964 ocorreu o afastamento de Eliezer, simplesmente por ter sido nomeado pelo governo Goulart. Houve a seguir uma curta administração de Oscar de Oliveira, engenheiro de carreira da empresa.

Em 1967, fui surpreendido com o convite para presidir a Vale. O ministro de Minas e Energia do governo Costa e Silva, general José Costa Cavalcanti, transmitiu-me a notícia de que era intenção do presidente convidar-me para essa função. Como eu já estava inserido no ambiente da empresa em função dos trabalhos de consultoria, a transição teve caráter de continuidade.

As estratégias gerais estavam definidas, embora em parte não efetivadas. Com o apoio da valorosa equipe de engenheiros de que a empresa dispunha pudemos revigorar, no período de 1967 a 1969, o esforço no sentido de maior contribuição para o crescimento econômico do país e mais relevante presença no cenário internacional. Mantive permanente contato e entendimento com grandes grupos siderúrgicos, tanto na Europa como no Japão.

Concluído o terminal de Tubarão, que possibilitava o emprego de grandes navios graneleiros, abriu-se caminho físico para novo salto na exportação de minério. Na mineração, o desafio era a destinação da parcela de "finos", isto é, do minério de ferro bruto fragmentado em rejeitos finos, resultantes do processo de extração. Em parceria com grandes consumidores, instalaram-se no terminal de Tubarão usinas destinadas à agregação desses finos em *pellets*, ou usinas de pelotização, processo pelo qual o minério de ferro é agregado em bolotas (ou pelotas) de tamanho padronizado. A primeira de tais usinas entrou em operação em 1969.

Um fato notável desse período ocorreu em julho de 1967, quando o acaso levou o geólogo Breno dos Santos, a serviço da United States Steel Corporation, que então sobrevoava de helicóptero uma área no leste do Pará em busca de manganês, a pousar a aeronave na Serra dos Carajás. Ao fazê-lo, ele se deparou com a presença de minério de ferro e identificou-o. Registrou o fato sem ter de imediato uma ideia da dimensão da reserva que ali se encontrava.

Com o aprofundamento das pesquisas e obedecendo ao prescrito no Código de Minas, tendo em vista a grande área, a Companhia Meridional de Mineração, subsidiária da U.S. Steel, apresentou ao Departamento Nacional de Produção Mineral (DNPM) inúmeros pedidos de autorização de pesquisa em seu próprio nome, no de outras subsidiárias e até no de diretores das empresas, tentando contornar o limite de área estabelecido no Código. Já se inferia nessa ocasião a extensão significativa da jazida. Sua descoberta por uma empresa americana deixou perplexo Francisco Moacyr de Vasconcellos, diretor do DNPM.

O assunto estava paralisado desde 1969, quando foi levado ao ministro José Costa Cavalcanti. Este reuniu um grupo, do qual eu e

Moacyr fizemos parte, para discutir o problema inusitado. O que fazer? Havia o Código, mas havia também os ultranacionalistas de plantão.

O ministro sugeriu uma associação da Meridional com a Vale, mediante a criação de empresa mista, o que foi aceito. Surgia daí a Amazônia Mineração (AMZA), fundada em abril de 1970.

A prospecção revelou duas jazidas, a da Serra Norte e a da Serra Sul. Os trabalhos se aprofundaram na primeira, por onde começou a atividade de mineração. O empreendimento envolvia o aparelhamento da mina, a construção de uma vila de apoio da estrada de ferro Carajás–São Luis e do terminal de Itaqui para navios graneleiros de grande calado.

Mas a riqueza da extensa província mineral não se limitava a isso. Nas prospecções subsequentes na região leste do Pará, coordenadas pela Alcan Alumínio, descobriu-se, ainda no final da década de 1960, uma jazida de bauxita na Serra de Oriximiná. A mina foi desenvolvida pela associação, formalizada em 1975, da Mineração Rio do Norte (MRN) com a canadense Alcan. A lavra teve início em 1979. Em torno dessa jazida foram instaladas a Albras – Alumínio Brasileiro S.A., para produzir alumina, e a Alumina do Norte do Brasil (Alunorte), para produzir alumínio metálico. Havia também necessidade de prover energia elétrica em grande escala, o que acelerou a construção da Usina Hidrelétrica de Tucuruí. Assim, mesmo antes que esta ficasse pronta, foi necessário erigir uma usina termelétrica modesta para atender ao consumo local.

A concepção da Usina Hidrelétrica de Tucuruí, no rio Tocantins, em 1969, tinha por objetivo dar suporte ao polo industrial que se criava no leste do Pará. Inicialmente com 4.000 MW, sua potência final atingiria 8.370 MW, vindo ela a ocupar a posição de segunda maior usina da América do Sul depois de Itaipu. Sua construção se desenvolveu a partir de 1974, tendo sido concluída em 1985. A geração de eletricidade se iniciou em 1984.

A Usina de Tucuruí promoveu indiretamente a formação da Centrais Elétricas do Norte do Brasil (Eletronorte), empresa estatal organizada sob a Eletrobras, que veio a assumir a responsabilidade por toda a geração da região Norte do Brasil, direcionando a geração de Tucuruí para o suprimento de Belém do Pará e outros importantes centros de carga da região. Mais tarde, uma linha de transmissão na direção leste ligou essa usina ao sistema elétrico do Nordeste e uma outra, na direção sul, ao longo do Tocantins, ao sistema Sudeste.

8
REFLORESTAMENTO

Desde a sua descoberta, no século XVI, ocorreu no Brasil a retirada contínua da mata nativa.

Somente no século XX o reflorestamento começou a ser objeto de várias iniciativas de pequena escala. A primeira se deve a Navarro de Andrade, de grande mérito técnico, para a produção de dormentes no Horto Florestal de Rio Claro, de propriedade da Companhia Paulista de Estradas de Ferro. Ela se baseou na adaptação do eucalipto com sementes, de origem australiana.

Iniciada com dois projetos de cuja criação participei, a instituição de um sistema nacional de incentivo ao reflorestamento adquiriu, com o tempo, grande envergadura.

O primeiro projeto dispôs sobre incentivos fiscais concedidos a empreendimentos florestais. Tive a iniciativa de submetê-lo a Otávio de Bulhões, na época ministro da Fazenda do governo Castello Branco, que o adotou. O projeto resultou na Lei nº 5.106/66, que serviu de base a um sem-número de iniciativas durante os seus dez anos de vigência.

O segundo projeto, denominado Floresta Aracruz, visou demonstrar a aplicabilidade do sistema. Teve início com um pequeno empreendimento de 120 hectares no Espírito Santo, para o qual convidei um grupo de dez empresários e amigos que se entusiasmaram com a ideia e atraíram numerosos outros participantes. Fundou-se uma Sociedade Anônima, que logo alcançou cem sócios: a Aracruz Florestal S.A.. Pôde-se assim adquirir uma gleba de 4 mil hectares. Foi decisivo, nesse momento, o apoio de Walther Moreira Salles e Octávio Frias de Oliveira, o que reforçou sobremodo a credibilidade da aventura que se iniciava. Cresceu rapidamente o número de participantes e a área plantada. Em 1972 a empresa foi absorvida pela Aracruz Celulose, já com vistas ao aproveitamento da madeira na produção de celulose, e essa empresa assumiu posição de liderança no plantio de eucalipto.

A Companhia Vale do Rio Doce, sob a coordenação de Eliezer Batista, interessou-se pelo tema em razão da sua necessidade de madeira para dormentes, mas deu um passo além, adquirindo área de 19 mil hectares de mata natural em Linhares no Espírito Santo, com o objetivo de preservação e experiências.

Quando assumi a presidência da Companhia Vale do Rio Doce, como sucessor de Eliezer, dediquei atenção à possibilidade de se estabelecerem incentivos a plantios em ampla escala.

Para supervisão do processo de reflorestamento foi criado, por decreto de fevereiro de 1967, o Instituto Brasileiro de Desenvolvimento Florestal (IBDF), que viria a ser extinto em 1989.

Pouco depois desse decreto de 1967, o Decreto-Lei n° 1.134 introduziu uma infeliz modificação na sistemática de incentivo ao reflorestamento. Inverteu-se a ordem das operações, que de início previam a realização comprovada de plantio para obtenção do direito ao incentivo, representado pela dedução da importância investida na Declaração do Imposto de Renda. A nova sistemática ditava que o contribuinte do Imposto de Renda declararia a intenção de investir para pleitear o benefício e, a partir daí, realizaria o plantio para posteriormente comprová-lo. Isso aumentou a burocracia e deu lugar a fraudes.

Na vigência da lei de incentivos, entre 1967 e 1987, ocorreu o plantio de cerca de 6 milhões de hectares, dos quais mais da metade com eucalipto. O plantio foi crescente, partindo de 90 mil hectares no ano de 1968 até atingir um máximo, em 1979, de 474 mil hectares. A produtividade, medida em estéreos de madeira por hectare, que era de 4 a 5, cresceu até 1979, quando atingiu 7,5 estéreos por hectare, e depois tornou a declinar. No entanto, o tempo para coleta reduziu-se continuadamente de sete para quatro anos.

8.1 – MEDALHA NAVARRO DE ANDRADE

A Sociedade Brasileira de Silvicultura criou em 1981 a medalha Navarro de Andrade – Pioneiro de Reflorestamento, para cultuar a memória desse insigne silvicultor. A criação foi a seguir oficializada pelo governo federal.

Laerte Setúbal Filho, pessoa proeminente na direção de diversas organizações dedicadas à silvicultura, convidou a mim e a Otávio de Bulhões para um almoço no restaurante do Museu de Arte Moderna do Rio de Janeiro. O assunto era confirmar o episódio acima descrito relacionado com o incentivo florestal, do qual ambos participáramos e que resultou na Lei nº 5.106/66.

Além de receber a nossa confirmação, o motivo da reunião era transmitir a informação de que o meu nome havia sido escolhido pela Sociedade Brasileira de Silvicultura para ser agraciado com a medalha Navarro de Andrade. Pouco depois, o presidente da sociedade, Sérgio Carlos Lupatelli, marcou uma sessão solene na qual recebi a medalha.

9
RECURSOS NATURAIS NA ECONOMIA BRASILEIRA

A mineração e a exploração florestal, bem como a exportação de produtos delas oriundos, fazem parte da economia brasileira desde os tempos coloniais. Não obstante o processo de industrialização, a exportação de produtos primários ainda representa, no século XXI, cerca de 40% das exportações totais do Brasil. A novidade se encontra no petróleo, durante muitos anos uma parcela significativa das importações, e que passou a ser produto de exportação. Os recursos hídricos para a produção de energia elétrica foram explorados em hidrelétricas construídas com projetos de engenharia de grande prestígio internacional, com destaque na segunda metade do século XX para a atuação do engenheiro John Cotrim, que estabeleceu os fundamentos do processo de construção e as regras de operação das grandes hidrelétricas brasileiras, inserindo-as em uma visão de sistema nacional interligado.

A crescente e justificada preocupação com a preservação do meio ambiente deu lugar a restrições nem sempre bem pensadas aos reservatórios de regularização de cursos d'água com objetivo energético. Essa atitude resultou na expansão de usinas termelétricas, emissoras de gases de efeito estufa, danosos ao meio ambiente, e no não aproveitamento de uma parte ainda disponível do nosso potencial hidrelétrico.

No que tange aos minérios, o mercado internacional mais importante para o Brasil é o do ferro. As exportações se destinaram à Europa e ao Japão, que não possuem reservas em seu território. Mais recentemente houve impulso nesse mercado com a entrada da China como compradora. Curiosamente, após adição de valor ela o exporta para o Brasil sob a forma de aço. No mercado, o minério de ferro brasileiro tem posição relevante, superada apenas pela Austrália.

Em escala mundial a produção foi, durante muitos anos, concentrada em poucas empresas, com destaque à nossa Companhia Vale do Rio Doce e também às Billiton, Rio Tinto e Mount Newman, da Austrália, além da Miferma, na África. A política de preços nesse mercado é questão crucial, fazendo com que produtores e consumidores busquem estratégias de preços estáveis que viabilizem o planejamento de investimentos de longo prazo.

Assim ocorreu que, no meu período à frente da Companhia Vale do Rio Doce, participei de reuniões que me levaram a incessantes viagens pelo mundo, nas quais conheci grandes figuras como Sir Val Ducan, da Rio Tinto; Hans-Günther Sohl, presidente da Confederação da Indústria de Ferro e Aço da Alemanha; Hisaki Shintō, que presidia a Keidaren, Federação Japonesa de Negócios e Jacques Ferry, da Chambre Syndicale de la Siderurgie Française.

10
MINISTÉRIO DE MINAS E ENERGIA

Um desentendimento entre Delfim Netto, ministro da Fazenda, e o general Albuquerque Lima, ministro do Interior, a respeito de recursos financeiros destinados ao Nordeste, provocou o pedido abrupto de demissão do ministro militar. O presidente Costa e Silva, que estava em Petrópolis naquele mês de janeiro de 1969, julgou necessário dar resposta rápida e optou por transferir o general Costa Cavalcanti, então ministro de Minas e Energia, para ocupar a vaga no Ministério do Interior, criando a necessidade de sua substituição. Mário Bhering, então presidente da Eletrobras, e eu, da Companhia Vale do Rio Doce, estávamos cotados como possíveis substitutos. Era um desafio, pois ocupávamos com tranquilidade cargos técnicos e o cargo vago era de natureza política.

No mesmo dia fui chamado, juntamente com Mário Bhering, para uma reunião matutina na casa de Costa Cavalcanti. Tratava-se de discutir essa substituição, cada um de nós demonstrando estar muito à vontade com a indicação do outro. Não competiríamos pelo cargo. À tarde fomos para o Palácio Rio Negro, em Petrópolis. Quando lá chegamos, o ministro Rondon Pacheco já tinha em mãos o termo de posse lavrado em meu nome. Minha família soube da notícia pelo *Jornal Nacional* antes que eu chegasse de volta ao Rio.

Nossa vida familiar se alterou. Manira, eu e uma de nossas filhas fomos residir em Brasília, onde tivemos que nos adaptar a um novo ambiente. Os outros filhos ficaram na casa da rua Leôncio Corrêa, no Rio de Janeiro.

O Ministério de Minas e Energia (MME) é um ministério complexo em virtude da variedade de assuntos a ele afetos. Compreende várias frentes de trabalho, desde aquelas conduzidas diretamente pelos órgãos centrais, outras dotadas de mais independência – tais como o Departamento Nacional de Produção Mineral (DNPM) e o Departamento Nacional de Águas e Energia Elétrica (DNAEE) – e ainda outras, conduzidas de forma indireta, a cargo de organizações relativamente autônomas – como a Comissão Nacional de Energia Nuclear (CNEM), a Comissão Executiva do Plano Nacional do Carvão e o Conselho Nacional do Petróleo (CNP). Por fim, tinham grande independência a Eletrobras e a Petrobras. Essa última fora de início subordinada à presidência da República e não se conformava com a sua subordinação ao MME. Em todas essas áreas havia questões críticas a resolver.

De Costa Cavalcanti herdei um grupo de elite no comando de cada uma das áreas: Mário Bhering na Eletrobras, Raimundo Mascarenhas na Companhia Vale do Rio Doce, Hervásio de Carvalho na área nuclear, Francisco Moacyr de Vasconcellos no DNPM e José Duarte Magalhães no DNAEE. Mas havia uma "pedra no sapato": o general Ernesto Geisel, na Petrobras, com quem eu já tinha dificuldade de me comunicar. Mais tarde, convoquei Yvan Barreto de Carvalho, originário da Petrobras, para assumir o DNPM, que ficara vago com a transferência de Francisco Moacyr para a diretoria de operações da Companhia de Pesquisas de Recursos Minerais (CPRM).

Levei Benjamin Mário Baptista, até então na Comissão do Carvão, para ocupar a Secretaria Geral do Ministério, cargo que exerceu com dedicação e bom senso.

Realizei reuniões formais periódicas da equipe, com agenda definida e disciplina nos debates, o que ajudava a nivelar entre todos eles o conhecimento dos temas do Ministério.

Tratamos inicialmente da reorganização do setor elétrico, que havia sido atabalhoadamente desestruturado pelos governos de Jânio e Jango, e vinha sendo recuperado sob a liderança da Eletrobras. Enfrentamos do mesmo modo as questões do domínio mineral. No caso do petróleo, no entanto, as coisas foram mais difíceis.

Na eletricidade, o sistema ainda sofria os efeitos do longo período de contenção tarifária e do impacto da nacionalização das maiores distribuidoras do Grupo Amforp (American & Foreign Power Company). Os investimentos privados em geração haviam cessado, entrando em substituição o das empresas públicas: Furnas, Cemig, Copel e Cesp. No Rio Grande do Sul a situação era confusa. O governador Leonel Brizola havia "encampado" a empresa local sem indenizá-la. No Nordeste estava tudo concentrado na Chesf. A mentalidade predominante havia levado à contenção de tarifas, o que, diante de inflação continuada, resultava na incapacidade de investimento das concessionárias.

Na mineração faltava informação geológica básica para a orientação dos pesquisadores da área mineral. Em 1934 a Constituição e o Código de Minas adotavam o princípio de separação da propriedade do solo e do respectivo subsolo. No mesmo ano foi criado para exercer a nova política o Departamento Nacional de Produção Mineral (DNPM), anos mais tarde, em 1960, incorporado ao Ministério de Minas e Energia quando da sua criação. Continuava administrativamente difícil contratar o mapeamento geológico do país. Nessas circunstâncias se constituiu, em 1969, a CPRM, sob a forma de empresa de economia mista, com o objeto de estimular o descobrimento e intensificar o aproveitamento dos recursos minerais e hídricos do Brasil, além de prestar apoio ao DNPM nos trabalhos de campo. Décadas depois, em 1994, o DNPM passou à condição de autarquia vinculada ao MME, prosseguindo com o objetivo central de promover a outorga de títulos minerários.

Dificuldades burocráticas haviam prejudicado a evolução profissional do quadro de funcionários do Ministério e de várias empresas a ele vinculadas. Para promover a recuperação desses funcionários foram instituídos dois instrumentos: o Planfap e o Centrecon.

O Plano de Formação e Aperfeiçoamento do Pessoal de Nível Superior (Planfap) compreendeu uma variedade de cursos e seminários de curta e média duração, em convênio com instituições de ensino superior. Acredito que ele tenha sido útil. No entanto, meu sucessor no ministério o extinguiu, alegando que tal atividade era da alçada do Ministério da Educação.

O Centro de Estudos e Conferências (Centrecon) era dotado de espaços físicos apropriados para acolher cursos e conferências de curta duração. Para sua construção foi adquirida, por intermédio da Companhia Auxiliar de Empresas Elétricas Brasileiras (CAEEB), a área da antiga Fazenda Mangalarga, em Itaipava, nos arredores do Rio de Janeiro. Nela foram construídas três edificações: a primeira para alojar dois auditórios independentes e respectivas instalações de apoio; a segunda com quarenta quartos para hospedar os participantes dos eventos, e a terceira para servir como refeitório, copa e cozinha.

Por esse centro passaram centenas de funcionários do MME e de empresas a ele vinculadas, até que no governo do presidente Collor foi decretada a sua extinção, em 1992. A seguir, as suas instalações foram transferidas para o Exército, em 1993, mediante convênio de cooperação, e o uso delas foi desvirtuado. Lá se acomodou o Centro General Ernani Ayrosa (CGEA), destinado primordialmente ao repouso e recreio, e por fim o conjunto assumiu a característica de estabelecimento comercial, conforme se verifica em anúncio na internet.

10.1 – USINA DE ITAIPU

Em 1966, no tempo do presidente Castello Branco, com Mário Gibson Barbosa no Ministério das Relações Exteriores, abriram-se novas perspectivas na relação entre Brasil e Paraguai a respeito do Salto de Sete Quedas e região adjacente.

Os problemas de fronteira entre os dois países eram antigos e remontavam ao tratado de 1750 entre Espanha e Portugal, à Guerra da Tríplice Aliança de 1865 a 1870, que deixou o Paraguai arrasado, e ao tratado de limites de 1872, que definia a linha da fronteira.

Os desentendimentos voltaram a se exacerbar na década de 1960, época em que se tornaram mais objetivas as ideias de aproveitamento da energia do rio Paraná.

Aprovada e assinada em junho de 1966, a Ata das Cataratas estabeleceu as premissas para a construção de uma represa em condomínio. O longo processo se concluiu com o Tratado de Itaipu, em abril de 1973, que criou a Itaipu Binacional, de cujo capital participariam em paridade a Eletrobras e a Administration Nacional de Eletricidad (ANDE), sua congênere paraguaia.

O entendimento entre dois países soberanos estabelecia que no empreendimento os países seriam tratados como iguais. Não obstante, não era possível deixar de reconhecer as disparidades quanto à experiência na condução de empreendimentos de grande vulto, à dimensão da demanda por eletricidade de cada um e à capacidade de assumir responsabilidades financeiras na construção da maior hidrelétrica do mundo. O Brasil tinha uma dimensão econômica quase cem vezes maior que a do Paraguai. Esse reconhecimento requereu a elaboração de um formato institucional e um arcabouço jurídico originais.

A formação da empresa Itaipu Binacional, com capital mínimo, quase simbólico, foi viabilizada pelo empréstimo de recursos ao Tesouro do Paraguai, para que este tivesse condições de integralizar o capital. O investimento subsequente na obra foi realizado com empréstimos de agentes financeiros e da Eletrobras, todos garantidos pelo Tesouro Nacional do Brasil. A viabilidade financeira se sustentou no compromisso da aquisição, conjunta ou separadamente, do total da potência instalada. Assim, esse foi o primeiro caso no Brasil de *project finance*, empreendimento financiado com base em suas receitas futuras. No final, o capital de Itaipu é de 100 milhões de dólares, mas sua dívida se elevou a 23 bilhões de dólares, empregados na construção da usina.

A disparidade da demanda de energia em cada país tornou necessárias regras relativas à destinação da parte da energia que cabia ao Paraguai e que excedesse o consumo desse país. Foi reconhecido o direito de cada uma das partes contratantes à aquisição da energia que não fosse utilizada pela outra parte.

Quanto ao sistema tarifário, a ideia central era o reconhecimento do caráter não repetitivo do empreendimento. Tratava-se do equilíbrio econômico de uma única usina hidrelétrica e de sua operação durante longa vida útil. Optou-se pelo regime de caixa. Itaipu teria que equilibrar receitas e desembolsos, nestes compreendidos os custos operacionais, o pagamento às partes contratantes de rendimentos de 12% sobre o pequeno capital social, as amortizações, os encargos financeiros relativos aos empréstimos contraídos, os *royalties* devidos aos governos pelo uso do recurso natural compartilhado, além de outros itens de menor expressão. Ao longo das primeiras décadas de vida, as partes consideraram ora baratas, ora caras as tarifas resultantes.

Enzo Debernardi, ex-presidente da ANDE e ex-diretor geral de Itaipu, sem dúvida um grande realizador pelo lado paraguaio, finaliza a introdução do seu livro sobre o empreendimento com a frase: "... *confieso que he tenido la tentación de dar por título a estes apuntes: Itaipu, un milagro.*"

Todos os que participaram desse histórico empreendimento deploraram a atitude, décadas depois, do recém-eleito presidente do Paraguai, Fernando Lugo, em reunião com o presidente Lula, de reiterar a tese da suposta injustiça na formulação do projeto Itaipu. Pior, a tese foi aceita pelo presidente brasileiro, certamente ignorante da história da implantação do empreendimento. As consequências foram arcadas pelo Brasil a título de concessões adicionais.

10.2 – IMPASSE NO PETRÓLEO

A política do petróleo foi, desde seu início, marcada por debates acirrados. No Ministério das Minas e Energia encontrei na Petrobras uma empresa fechada em si mesma, tanto nas relações locais como no âmbito externo, onde comparecia apenas para comprar petróleo. Resolvi, desde logo, debruçar-me sobre o problema da autossuficiência nacional, objetivo para mim primordial e que me colocava em oposição ao presidente da empresa, Ernesto Geisel, para quem a missão era assegurar o abastecimento nacional do petróleo aos consumidores finais.

Estávamos, a meu ver, em um quadro preocupante: de um lado, consumo firmemente crescente e produção nacional estacionária desde 1968; de outro, redução nas descobertas de novos campos e investimentos insuficientes na pesquisa.

Não obstante a relutância da empresa em aceitar sugestões e os obstáculos que me eram interpostos, ousei preparar de próprio punho uma análise da situação e a minuta de um plano de ação. Nesse documento propus uma forma original de contrato de risco compatível com a Lei nº 2004, de 3 de outubro de 1953, que estabeleceu o monopólio do petróleo. Procurei também direcionar a Petrobras para a exploração do petróleo na plataforma continental. O manuscrito foi enviado ao presidente Médici e às autoridades ligadas às estratégias nele levantadas: ministros Delfim Netto, Gibson Barbosa (Relações Exteriores), aos auxiliares diretos do presidente, ministros Leitão de Abreu (Casa Civil), João Figueiredo (Casa Militar) e Carlos Alberto Fontoura (Serviço Nacional de Informações (SNI)). Receberam-no igualmente os generais Araken de Oliveira e Ernesto Geisel, presidentes respectivamente do Conselho Nacional do Petróleo (CNP) e da Petrobras.

O presidente Médici presidiu a reunião desse grupo no Palácio das Laranjeiras, em 1º de setembro de 1970, para a discussão do documento. Fui fragorosamente derrotado pela oposição coordenada dos generais Ernesto Geisel, Araken e Figueiredo, os mesmos que estiveram de acordo, cinco anos mais tarde, depois do susto provocado pelo choque dos preços do petróleo de 1974, com a aprovação dos contratos de risco. Geisel, que nesse intervalo de tempo deixou a presidência da Petrobras para ocupar a presidência da República, mudou de posição e, em discurso proferido em outubro de 1975, defendeu formalmente os contratos de risco.

10.3 – PROJETOS RADAM E REMAC

Por volta de 1970 duas regiões do país despertavam interesse crescente: a Amazônia e a plataforma continental. Nenhuma delas havia sido, até então, objeto de levantamentos físicos sistemáticos. Na região amazônica nem mesmo existia uma carta geográfica de precisão aceitável. Na plataforma continental se conheciam apenas as cartas batimétricas da Marinha.

Com o lançamento do Plano de Integração Nacional (PIN), propus ao presidente Médici a inclusão do levantamento geográfico da Amazônia, criando o Projeto Radam (Radar da Amazônia) com a tecnologia recém-desenvolvida do radar de visada lateral SLAR (Side-Looking Airbone Radar), que nos foi oferecida pelo governo dos Estados Unidos. O trabalho demandou seis anos e teve um custo de aproximadamente 100 milhões de dólares.

Já o reconhecimento da plataforma continental estava há muito tempo pendente do resultado das discussões, no âmbito internacional, quanto ao direito à propriedade dos recursos do solo e do subsolo. Em 1970 o governo brasileiro estabeleceu que a soberania do país se estenderia sobre o mar territorial em faixa litorânea com a largura de 200 milhas marítimas. A partir de tal solução, propus ao presidente Médici, em 1972, o projeto de Reconhecimento Global da Margem Continental Brasileira (Remac). Esse projeto abrangeu a plataforma com água de 40 a 180 metros de profundidade e alcançou 721 mil quilômetros quadrados. Reuniram-se para realizar os levantamentos e as pesquisas de campo várias instituições, coordenadas pelo Conselho Nacional de Pesquisas (CNPq) e a Petrobras.

10.4 – INÍCIO DA ENERGIA NUCLEAR NO BRASIL

A viagem que realizei em 1960 aos Estados Unidos, na condição de *fellow* da Fundação Eisenhower, me deu oportunidade de manter vários encontros com pessoas e entidades que se ocupavam da questão nuclear. Esta adquiria naquele momento uma nova dimensão, apesar de as pesquisas científicas em torno do átomo e do aproveitamento da energia atômica terem se iniciado muito antes.

Pesquisas originais sob a coordenação de Otto Hahn, em 1938, e de Enrico Fermi, em 1939, culminaram com a primeira reação atômica em cadeia, realizada sob supervisão de Fermi no reator do projeto Manhattan, dos Estados Unidos, cuja finalidade era construir a bomba atômica. O primeiro teste da bomba ocorreu em zona adjacente ao Los Alamos National Laboratory, em Alamogordo, no Novo México, no dia 16 de julho de 1945. Seguiu-se o lançamento das bombas americanas sobre Hiroshima e Nagasaki, com efeitos devastadores.

Os testes americanos com bombas prosseguiram no atol de Bikini, entre 1946 e 1958. A União Soviética começou mais tarde, mas já em 1953 lançou sua bomba. Esse esforço para o domínio na área nuclear fazia parte da Guerra Fria e da corrida armamentista entre os Estados Unidos e a União Soviética.

Os efeitos espetaculares da explosão atômica no atol de Bikini inspiraram estilistas da moda feminina, entre os quais o francês Louis Réard, a dar o nome de biquíni ao traje de banho de mar feminino composto por duas peças sumárias, lançado com efeito explosivo equivalente. O nome do famoso atol ficou, assim, eternizado.

Testes americanos também resultaram no lançamento da bomba de hidrogênio no atol de Enewetak (também grafado como Eniwetok), no dia 1º de novembro de 1952, esta mil vezes mais poderosa que as lançadas sobre o Japão.

No dia em que a notícia dessa bomba foi divulgada, estava programada no Rio de Janeiro uma reunião de um grupo organizado no âmbito da Comissão de Planejamento Econômico, na qual eu fazia as vezes de secretário. Pertenciam ao grupo três das pessoas que, no Brasil, naquele momento, tinham condições de comentar cientificamente o evento: o almirante Álvaro Alberto da Mota e Silva e os professores Ignácio Manuel Azevedo do Amaral e José Carneiro Felippe. Não houve a reunião prevista e os três discutiram e avaliaram, durante cerca de três horas, à luz dos telegramas publicados, a essência e as consequências do que ocorrera, para enorme benefício do reduzido número de leigos presentes.

Depois dessa fase de uso militar, passou-se à consideração do emprego da energia nuclear para fins pacíficos, com abertura de novas oportunidades de sua utilização para a humanidade, especialmente para os países em desenvolvimento. No Brasil foi grande o interesse pela matéria, tanto nos meios relacionados com a Física teórica como no das Relações Internacionais. Buscava-se definir uma política interna que assegurasse o acesso do país à nova tecnologia.

Passar-se-iam mais de dez anos entre a bomba e o uso pacífico da nova forma de energia para geração de energia elétrica em usinas termonucleares. Essas usinas funcionam a partir da fissão nuclear controlada dentro de reatores, que gera o calor subsequentemente aproveitado no ciclo convencional de geração elétrica. Ou seja, o calor aquece a água e a transforma em vapor, e este por sua vez passa por uma turbina que aciona um gerador de energia. É, portanto, um processo que combina a forma revolucionária de geração de calor com o mais convencional funcionamento das turbinas a vapor.

No plano internacional, os Estados Unidos e a União Soviética detinham a tecnologia completa de todas as fases da energia nuclear. Em vários outros países empreendiam-se esforços para alcançar um nível equivalente, com realizações práticas, como na Inglaterra e França, em 1952, além da China, em 1960.

A primeira usina termonuclear considerada comercial foi a de Obninski, com 5 MW, construída na antiga União Soviética em 1949. A seguir vieram Calder Hall, na Inglaterra, em 1956, com 50 MW, e Shippingport, nos Estados Unidos, com 68 MW, que entrou em operação em 1958.

No Brasil, o interesse pela energia nuclear tomou corpo com a fundação, em 1951, do CNPq, sob a liderança do almirante Álvaro Alberto. No governo Kubitschek foi instalada, em 1956, a CNEN, órgão específico para coordenar o programa nuclear, que logo a seguir teve a iniciativa de empreender estudos sobre uma possível primeira usina termonuclear com a potência de 100 MW, a ser instalada entre Rio de Janeiro e São Paulo.

Organizou-se uma comissão profissionalmente eclética, da qual fiz parte, para examinar a localização dessa primeira usina brasileira. Os resultados dos trabalhos confirmaram a localização em Mambucaba, na baía de Angra dos Reis. Por motivos diversos, o projeto não teve prosseguimento. Mera coincidência, ou não, quinze anos mais tarde foi construída a poucos quilômetros desse local a primeira usina de Angra.

Nesse ínterim prosseguiam grandes discussões entre cientistas que defendiam os diversos tipos de reatores e debatiam os riscos e a segurança das usinas. Avaliava-se também a participação brasileira no projeto e construção de usinas. Havia a proposta – que se poderia qualificar de irrealista – de partir para nova tecnologia a ser desenvolvida no Grupo do Tório, instituído pela CNEN no Instituto de Pesquisas Radioativas, em Belo Horizonte. Não havia, no entanto, possibilidade de reunir os recursos financeiros para essa aventura.

Em meu período no Ministério de Minas e Energia, um convênio assinado em 1968 entre a CNEN e a Eletrobras delegou a Furnas as providências executivas para implantar a primeira usina nuclear brasileira. Essas providências executivas incluíram várias missões técnicas ao exterior.

Depois de novas rodadas de discussão foram expedidos os convites, em junho de 1970, a seis empresas ou consórcios, que deveriam apresentar suas propostas em janeiro de 1971. Esse processo resultou na contratação de uma usina com tecnologia Westinghouse.

A implantação de tal projeto, mais tarde denominado Angra I, sofreu grandes percalços, tanto no tocante aos equipamentos como nas obras de construção civil, inúmeras vezes interrompidas e reprojetadas para que as instalações se adaptassem aos crescentes requisitos de segurança. Após início de operação, defeitos em equipamentos vitais como os trocadores de calor implicaram a necessidade de sua substituição. O tempo e o custo ultrapassaram os inicialmente previstos.

Após custosas reparações e um litígio arbitral internacional que deu a vitória a Furnas contra a Westinghouse, a usina teve seus equipamentos na maior parte trocados. Hoje opera regularmente.

10.5 – COMPANHIA BRASILEIRA DE TECNOLOGIA NUCLEAR

Em virtude da atenção que a energia nuclear vinha atraindo, e dos investimentos e recursos requeridos, julgou-se pertinente, em 1972, constituir a Companhia Brasileira de Tecnologia Nuclear (CBTN), a ser dotada de estrutura empresarial, com o objetivo de agilizar as operações de prospecção e pesquisa tecnológica. A ela foram incorporados os laboratórios de pesquisa tecnológica vinculados ao governo federal.

Na exposição de motivos em junho de 1971, relativos à CBTN, eu não fugi ao otimismo que então prevalecia quanto ao futuro da energia nuclear no Brasil: a ela foram destinados os dividendos que coubessem à União na Petrobras e na Eletrobras. Seria uma forma de aplicar na promoção da energia do futuro recursos provenientes de fontes então em utilização. Assim se pensava.

Deveria ser intensificada a prospecção de minerais físseis e desenvolver a tecnologia correspondente ao ciclo do combustível nuclear, incluindo-se a fase do enriquecimento do urânio, que nos levava ao controvertido limite entre objetivo militar e aplicações pacíficas. A bomba requer alta proporção de material físsil. Nas aplicações pacíficas é, em geral, suficiente o enriquecimento do minério de urânio ao nível de concentração de 3%. As instalações que realizam tal operação são semelhantes, e aí reside o temor e a suspeição quanto as intenções de cada país em explorar essa tecnologia.

Há ainda a questão da soberania nacional sobre os recursos naturais do país, a ser considerada à luz dos seus compromissos com a ordem mundial.

11
A ENERGIA OCUPA POSIÇÃO CENTRAL NO CENÁRIO INTERNACIONAL

A expansão e diversificação do uso da energia e o surgimento de novas formas de oferta resultaram em um quadro mundial de extrema complexidade, com repercussão tanto na economia dos países e nas relações internacionais quanto no dia a dia das pessoas. As mudanças são contínuas, em função de novos hábitos de consumo e intensa atividade de pesquisa tecnológica de invenções e inovações.

O final da década de 1970 é marcado pelo impacto do aumento dos preços do petróleo, iniciado em 1973 e consolidado em 1979, com o chamado segundo choque de preços, a partir do qual o quadro energético e político mundial se alterou profundamente.

Durante muito tempo, o crescimento do consumo mundial de energia foi mais rápido que o da população e o da produção de bens e serviços. Isso era fonte de preocupação, apontada nos relatórios do Clube de Roma, um *think tank* fundado em 1966 que congrega indivíduos notáveis da comunidade científica, acadêmica, política, empresarial, financeira, religiosa e cultural para discutir temas de relevância mundial, sobretudo os relacionados ao meio ambiente e ao desenvolvimento sustentável. Nessa ocasião, os especialistas ali reunidos se manifestavam apontando o esgotamento dos recursos naturais, especialmente dos combustíveis não renováveis. O relatório do Clube de Roma de 1972 é bastante alarmista, embora outro, de 1974, já fosse mais cauteloso em suas conclusões.

A Conferência das Nações Unidas sobre o Meio Ambiente Humano, realizada em Estocolmo em 1972, foi outro marco importante das discussões sobre a questão global da energia. A partir dela, intensificou-se a atenção com o nível de emissão de gases de efeito estufa, oriundos da queima de combustíveis fósseis. Com o Relatório Brundtland – sobrenome da coordenadora nomeada pela ONU para elaborar o relatório denominado Nosso Futuro Comum, de 1987 – ganhou corpo o conceito de desenvolvimento sustentável e a preocupação com a intensidade e o uso eficiente da energia. A questão energética passou, então, a se ligar indelevelmente à questão ambiental.

A intensidade energética, em escala global, nacional ou regional, tem sido medida pela razão entre a quantidade de energia em toneladas equivalentes de petróleo (tep) e o valor dos bens e serviços com ela produzidos expresso em dólares. Tratando-se de uma fração, esse índice deve ser analisado com cautela na interpretação de suas variações, que podem provir do comportamento de um, de outro ou de ambos os seus termos.

Já a eficiência energética é um conceito que provém das ciências físicas. Corresponde à relação entre energia útil "entregue" por aparelhos, equipamentos e instalações, e a quantidade de energia a eles suprida. São simples, em geral, as medidas individualizadas de eficiência relativas a cada setor produtivo, eficiência esta baseada na relação entre o consumo de energia e a quantidade do produto. Já a avaliação da eficiência, alcançada em conjunto por vários setores de atividade, não é tão simples. Torna-se complexa a escolha de unidades de medida, recorrendo-se, por fim, quase sempre, ao valor monetário do produto. No limite, a medida de eficiência é o inverso da medida de intensidade do uso da energia.

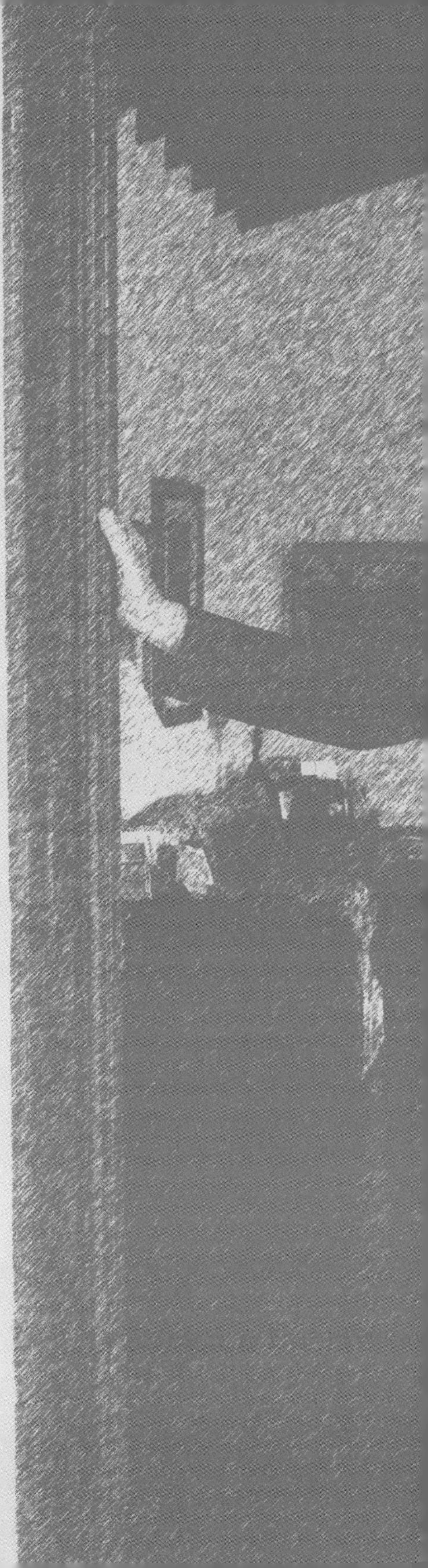

Livro 3

A NOVA GLOBALIZAÇÃO

(1980-2015)

1
O CONTEXTO HISTÓRICO

Na metade do século XX o mundo estava nitidamente dividido entre blocos de países. Os países ditos do Primeiro Mundo, desenvolvidos no sentido econômico e social, eram associados ao *"American way of life"*: civilização urbana, consumista, família nuclear, mulheres emancipando-se e entrando na força de trabalho, educação superior ampliada, valores democráticos. A expressão "Isso é coisa de Primeiro Mundo!" disseminou-se como algo moderno, bom, aplicando-se a bens de consumo, mas também a teatros, aeroportos, serviços etc.

Do Segundo Mundo faziam parte as autocracias reunidas no bloco socialista e comunista, formado pela União Soviética, China e seus satélites, cujas propagandas governamentais as apresentavam como paraísos da igualdade e da qualidade de vida.

Como já se viu aqui, havia se formado um terceiro bloco, não alinhado às duas ideologias acima: o Terceiro Mundo, do qual faziam parte países como Índia, Brasil e outros. O que melhor os caracterizava era a independência em relação aos modelos das superpotências (Estados Unidos e União Soviética) e uma base comum de subdesenvolvimento econômico e social.

Ao longo das últimas décadas, período que se trata neste Livro 3, assistimos a uma grande reviravolta nessa situação. A mudança começou com a Guerra Fria dando sinais de arrefecimento. Verificaram-se alguns acontecimentos políticos e econômicos muito significativos:

- A percepção da falência do *"welfare state"* em muitos países na Europa;
- O colapso da União Soviética, na qual a ordem de produção socialista não se mostrou capaz de suprir as necessidades do seu mercado interno;
- A liberação de um conjunto de tecnologias, inicialmente concebidas para uso militar, no campo da eletrônica e das telecomunicações, revolucionando a indústria de serviços e de comunicação, e depois a estrutura produtiva, a vida urbana e a cultura;
- A reinserção da China na ordem econômica mundial, transformando-se na segunda maior potência econômica do mundo;
- Um esvaziamento progressivo das questões ideológicas nas relações internacionais e um maior pragmatismo na composição dos interesses entre países;
- Um retorno da questão religiosa, civilizatória e étnica no tabuleiro das relações internacionais, especialmente quando presentes enormes disparidades no respeito aos mais elementares direitos humanos;
- Por fim, a crescente conscientização ambiental, que leva à reflexão sobre a capacidade de suporte do mundo a uma população que já atinge 7 bilhões de habitantes e não caminha para se estabilizar no futuro próximo.

* * *

Enquanto isso, no Brasil, como já se mencionou aqui, passado o período de ajustes no início do regime autoritário, conduzido no governo Castello Branco pelos ministros Roberto Campos e Otávio de Bulhões, o país aos poucos voltou a crescer. Em seguida, tal crescimento se acelerou com a objetividade do governo Médici, que sucedeu ao do presidente Costa e Silva. A primeira crise no crescimento mundial ocorreu em 1974, com o aumento do preço do petróleo, sem interromper, contudo, o processo econômico que ficou conhecido como "milagre brasileiro".

Seguiu-se o governo Geisel, com intensos investimentos, orientado por um plano chamado Segundo Plano Nacional de Desenvolvimento (II PND). Elevou-se a inflação e o ritmo de crescimento da economia se reduziu. Além disso, o quadro econômico desfavorável foi impactado no lado político pela vitória das oposições nas eleições parlamentares de 1974. Na sequência, o presidente Geisel apresentou o projeto de abertura política "lenta, gradual e segura, com vistas à implantação do sistema democrático", segundo expressão que ficou famosa.

A persistência de um cenário internacional desfavorável, somada ao desequilíbrio do balanço de pagamentos de muitos países, foi agravada por nova alta substancial dos preços do petróleo em 1979 e pela forte elevação da taxa de juros em 1980. Com a declaração, em agosto de 1982, da moratória pelo governo do México, suspendendo o serviço regular da dívida do setor público, eclodiu a "crise da dívida externa", que manteve a América Latina fora das finanças internacionais por toda a década de 1980.

O governo Geisel foi sucedido pelo de João Figueiredo, que conduziu o Brasil para a normalidade democrática ao convocar e realizar uma eleição para a presidência da República. Nela o Congresso elegeu o escolhido pelas oposições, Tancredo Neves, que faleceu antes de tomar posse. Assumiu em seu lugar o vice-presidente José Sarney, para o termo 1985 a 1990. Nesse período, foi decidida a convocação de uma Assembleia Nacional Constituinte, que promulgou uma nova Constituição ao final de 1988.

Ao lado das dificuldades do balanço de pagamentos perdeu-se o controle da inflação, cuja média anual alcançou absurdos 500% na década de 1990. Antes disso, no governo José Sarney, em 1987, o Brasil optaria pela declaração de moratória unilateral nos pagamentos de sua dívida externa, o que causou danos persistentes à nossa credibilidade.

Apesar de várias tentativas de socorro aos países devedores, somente em 1989 o secretário do Tesouro dos Estados Unidos, Nicholas Brady, anunciou um plano que se tornou conhecido pelo nome dele (Plano Brady), prevendo a renegociação da dívida externa de países em desenvolvimento mediante troca por bônus novos. Aceitavam-se abatimentos nos encargos da dívida com redução de principal e juros. Havia, ainda, exigência de reformas nos mercados financeiros dos países aderentes. A partir de 1989, doze países aceitaram o plano. O Brasil concluiu o acordo em 1994, não obstante impasse parcial com um dos credores, que só foi resolvido em 1996.

No marco institucional da Constituição de 1988, vários movimentos políticos sem muita organização se consolidaram sob a forma de uma multiplicidade de partidos políticos. Com base nesse estatuto foi retomado o processo de eleição direta para presidente da República. No primeiro pleito, em 1989, diante desse quadro político difuso, apresentaram-se 22 candidatos, restando, ao final do primeiro turno, Fernando Collor de Mello, de família tradicional na política, e Luiz Inácio Lula da Silva, líder sindical. No segundo turno, realizado em dezembro, foi eleito Collor de Mello.

Após um início marcado por medidas econômicas drásticas, como congelamento das poupanças, privatizações e abertura de importações, sua pequena base partidária no Congresso foi insuficiente para suportar críticas de corrupção e má administração das finanças públicas, que conduziram a um processo de *impeachment*, tendo como desdobramento a renúncia do presidente em setembro de 1992. Assumiu o posto o vice-presidente Itamar Franco. A este cabia, nos termos da Constituição, convocar plebiscito em 1993 sobre a estrutura do governo, oferecendo-se como opções a república sob a forma presidencialista ou parlamentarista, além de um retorno à monarquia. Como resultado, consolidou-se o presidencialismo.

O governo Itamar notabilizou-se por recolocar a economia no bom caminho, especialmente pelo bem-sucedido Plano Real, que reduziu a níveis mínimos e administráveis a inflação, embora também deva ser lembrado por um retorno a práticas republicanas no trato da coisa pública.

O segundo presidente eleito foi Fernando Henrique Cardoso. Formado em Ciências Sociais, havia seguido inicialmente carreira universitária. Em 1964, adotou posição contrária e ostensiva ao regime militar então instalado, o que resultou em seu exílio no Chile e depois na França. Retornou ao Brasil em 1968. Já em 1978 elegeu-se suplente do senador Franco Montoro, assumindo a cadeira quando Montoro foi eleito governador do estado de São Paulo. Reeleito, assumiu sucessivamente os cargos de ministro das Relações Exteriores e ministro da Fazenda do governo Itamar Franco, quando foi responsável pela coordenação do grupo que elaborou o Plano de Estabilização, em 1994. Com o sucesso do Real como nova moeda do país, no mesmo ano de 1994 elegeu-se presidente da República por quatro anos, no período de 01/01/1995 a 01/01/1999. Posteriormente, após ser votada uma mudança constitucional, foi reeleito para um segundo mandato, no período de 01/01/1999 a 01/01/2003.

Seu governo teve de enfrentar os excessos da estatização de atividades econômicas promovida pelos governos anteriores, da qual resultara grande burocratização, ineficiência gerencial das instituições governamentais e regulamentação exorbitante, por vezes contraditória, das atividades econômicas públicas e privadas. Isso havia resultado em um ambiente de negócios opaco, desfavorável a qualquer iniciativa de acompanhar a inovação tecnológica.

O governo de Fernando Henrique Cardoso (FHC) efetuou uma série de reformas que permitiram inverter essa tendência, privatizando inúmeras empresas estatais, simplificando algumas estruturas reguladoras de serviços de utilidade pública, criou agências reguladoras, aprovou a Lei de Responsabilidade Fiscal, dentre outras reformas saudáveis.

Ao término do governo FHC foram realizadas, em 2002, eleições gerais que resultaram na vitória do Partido dos Trabalhadores (PT) e eleição de Luiz Inácio Lula da Silva para presidente. Uma crise no abastecimento de energia elétrica no ano de 2001 e a lentidão do governo em reconhecer que para ela se encaminhava foram fatais para a popularidade de FHC.

Apesar da preocupação nos meios empresariais quanto a possíveis modificações políticas e econômicas radicais, o presidente eleito preservou, em linhas gerais, em seu primeiro mandato, as diretrizes econômicas provenientes do governo anterior, tendo esse compromisso sido assumido publicamente entre o primeiro e segundo turno das eleições num documento intitulado Carta aos Brasileiros.

Ao longo do governo foi se tornando nítido que o objetivo do PT era se manter no poder a qualquer custo, o que começou a ser plantado com forte aparelhamento, ou seja, nomeação de quadros partidários para postos públicos, da máquina estatal. O presidente Lula foi reeleito em 2006 em pleito ao qual compareceram quatro candidatos. A dispersão de votos resultou na necessidade de um segundo turno contra o candidato José Serra, parlamentar e antigo ministro de FHC.

Entre 2003 e 2007 foi contínuo o crescimento econômico do Brasil, mas, refletindo a crise mundial, houve queda em 2008, o que provocou a redução do PIB no princípio de 2009, com abrupto aumento do desemprego. Essa tendência, no entanto, foi revertida no final do ano, com recuperação em 2010 por efeito da bonança advinda da elevação dos preços das *commodities* que exportávamos.

O país mereceu das agências classificadoras a elevação do *status* da dívida para "grau de investimento", o que pode ser tributado ao sucesso das exportações de *commodities* para a China, que nesse período deixou de ser um parceiro externo insignificante para se tornar o maior destino das nossas exportações.

* * *

A preocupação com o desenvolvimento brasileiro e com o que meus filhos, netos e bisnetos terão pela frente marcou a minha vida profissional nesse último período. Essas preocupações, que até 1980 eram bem concentradas no Brasil, passaram progressivamente a ver o nosso país no contexto mundial.

Não há como escapar de questões como: aumento da densidade da ocupação do mundo, crescente integração da produção nas chamadas cadeias globais de suprimento, comunicações praticamente instantâneas. Visualizo um quadro de vida futura muito diferente do que experimentei.

Neste mais recente terço da minha vida pude me manter informado e atualizado em meus campos de interesse e me voltar mais para a minha família, inspirando-me em minha mulher e companheira.

Embora trabalhar, para mim, tenha sido um prazer, mais que um dever, nesta fase da vida pude desfrutar preciosos tempos com a família em uma propriedade rural em Vassouras, escrever artigos, sozinho ou em parceria com colegas que respeito, participar de congressos e eventos técnicos. Não me furtei em colaborar em conselhos de entidades atuantes nas áreas de Energia, Economia ou Mineração e, nessa qualidade, contribuir em temas que abrangiam recursos naturais, questões ambientais, sustentabilidade, eficiência energética e engenharia.

Tenho consciência de que, apesar dos inúmeros desafios, o Brasil de 2016 é um dos maiores países do nosso planeta e tem todas as condições de proporcionar a seus habitantes uma boa situação de vida. Obviamente, é cada vez mais necessário o foco na educação, na formação de quadros e na criação de um ambiente favorável à iniciativa e à criatividade, motores da moderna economia do século XXI.

2
RETORNO À UFRJ – FUNDAÇÃO JOSÉ BONIFÁCIO

Estive licenciado da UFRJ entre 1967 e 1974, convocado para exercer diversas funções no serviço público. Ao terminar esse período, apresentavam-se para mim dois problemas: em que condição retornar à UFRJ e em que atividades do setor privado eu poderia voltar a prestar serviços de consultoria, sem envolver conflitos de interesse.

Na UFRJ, o reitor Hélio Fraga sugeriu que, em lugar de voltar à atividade de ensino, da qual eu já estava distanciado, ficasse com ele na reitoria para auxiliá-lo na organização da Fundação Universitária José Bonifácio (FUJB), entidade prevista no Estatuto de 1970 da UFRJ, que teria por objetivo promover e subsidiar programas de ensino e pesquisa no âmbito da universidade e de entidades afins, públicas ou privadas, a que ela se associasse.

Constituímos um fundo patrimonial com recursos da UFRJ, que para isso alienou um imóvel da antiga Escola de Química, e convidamos outros instituidores, sendo quatro deles estatais (Petrobras, Eletrobras, Indústrias Nucleares do Brasil (INB) e CPRM) e quatro empresas privadas (Grupo CAEMI, Companhia Progresso Industrial do Brasil, Refinaria de Manguinhos e Companhia Docas). Todos aprovaram o estatuto que havia sido proposto em reunião do conselho universitário e contribuíram para a constituição do fundo patrimonial. Parecia-nos importante que essa participação assegurasse a presença de representantes da iniciativa privada no conselho de administração. Isso foi alcançado na fase inicial, mas, infelizmente, não se manteve. Acabou por prevalecer no conselho uma composição estatal.

O reitor, professor Hélio Fraga, e eu tivemos que insistir com o professor Otávio de Bulhões, ex-ministro da Fazenda, para que ele aceitasse a presidência da ainda frágil FUJB. Ele acabou concordando, mas impôs a condição de que eu o acompanhasse na vice-presidência. Assim foi feito, e demos juntos os passos iniciais da nova entidade, que, salvo alguns tropeços, progrediu e foi bem sucedida.

3

COMPANHIA INTERNACIONAL DE SEGUROS (CIS)

Para o meu retorno à prestação de serviços profissionais era necessário evitar qualquer ligação da nova atividade com setores relacionados à função pública que eu acabara de exercer, requisito que era contrariado em várias das consultas que me faziam.

Meses depois de minha saída do ministério, Celso da Rocha Miranda, sogro do meu filho Antonio e um grande empresário brasileiro, me perguntou, já que eu estava sem compromissos de trabalho, se eu poderia fazer uma análise da situação administrativa e financeira da Companhia Internacional de Seguros (CIS). Fiz. Quando terminei o relatório dessa investigação, ele me perguntou: "Agora que você detectou os problemas e trunfos da CIS, que tal assumir a presidência da empresa para pôr em prática as sugestões que fez?" Aceitei, tendo em vista que não seria a primeira vez que eu trataria de temas do setor seguros, pois já tivera essa experiência no tempo da Ecotec, quando participamos de ampla reforma da SulAmérica Companhia Nacional de Seguros, então a maior empresa do ramo no Brasil.

No exercício da atividade seguradora, a CIS investia suas reservas financeiras em atividades diversas, dentre as quais a Prospec-Geologia, Prospecções e Aerofotogrametria S.A., empresa de aerolevantamentos e pesquisa que Celso, Renato Archer e o inglês Charles Reade haviam criado.

Acompanhando pela CIS o investimento na Prospec, mantive relacionamento com Renato Archer, ex-oficial da Marinha que, não obstante o seu interesse dominante pela política, mantinha estreita ligação com a empresa de cuja fundação participara.

A Prospec teve papel relevante no seu campo de atuação, reunindo competente corpo técnico e acumulando grande acervo de conhecimentos sobre suas áreas de atuação.

As longas conversas que desde então mantive com Renato Archer, na Prospec e também depois, acabavam sempre em questões políticas do momento, com ênfase nas relações com os Estados Unidos. Foi com ele, e anteriormente com San Tiago Dantas, que sob duas visões distintas comecei a entender melhor o ambiente político brasileiro. Se é que consegui! Lembro-me de uma visita ao Sindicato dos Bancários, anos antes, cujo motivo não me vem à memória. Quando estávamos no elevador, San Tiago volta-se para mim e recomenda: "O assunto aqui é político. Você fica só ouvindo." Isso diz tudo.

Depois da transferência do controle da CIS para aventureiros, iniciou-se o seu declínio, bem como o da Prospec. Ambas tiveram um triste fim.

4
RENATO ARCHER

Quando o conheci, anos antes, no tempo da Ecotec, Renato Archer me levou também ao interior do país, no estado do Maranhão, sua terra natal. O objetivo era avaliar a possibilidade de elaborar um programa de desenvolvimento a ser apresentado em reunião marcada pelo então presidente Jânio Quadros para, em continuidade a programas anteriores em outras regiões do país, discutir de forma abrangente as perspectivas dos estados do Maranhão e Piauí. Formaram-se grupos locais de trabalho, por tema. Vieram técnicos da Superintendência do Desenvolvimento do Nordeste (Sudene). A Ecotec agiu como coordenadora e conselheira. O presidente Jânio Quadros manteve encontros reservados com os governadores. Resolveram-se algumas questões esparsas, entre as quais a da construção da Usina Hidrelétrica de Boa Esperança no rio Parnaíba, na fronteira entre o Maranhão e o Piauí, mais tarde incorporada à Chesf.

Para mim, cidadão urbano, a excursão que naquela ocasião realizei pelo interior em companhia do agrônomo Mário Borgonovi, que se tornou meu conselheiro para sempre, foi a oportunidade de tomar conhecimento das precárias condições sociais e econômicas da população que lá vivia, representativa da pobreza que grassava no interior do país.

Outra interação com Renato Archer se deu, anos mais tarde, a propósito da política externa. Apresentavam-se à época várias correntes de opinião, algumas extremadas. Archer pertencia ao grupo vinculado à tese da "política externa independente", que na prática significava uma posição crítica em relação a alinhamentos automáticos. Nesse campo, e de forma mais extremada, se posicionava o governador Leonel Brizola, que pode ser definido de forma mais simplista como antiamericano.

Essas visões preocupavam importantes setores industriais brasileiros, que mantinham estreitas relações comerciais e financeiras com empresas nos Estados Unidos.

Eu pensava de forma afinada com San Tiago Dantas, que com a sua lógica e objetividade, no início dos anos 1960 assumia posição realista quanto à conveniência, para ambos os lados, de boas relações Brasil-Estados Unidos. Acredito que tal visão coincidia tanto com a da maioria da opinião pública brasileira quanto com a de significativos segmentos políticos da América do Norte.

Emblemático nesse período foi o programa Aliança para o Progresso, proposto pelo presidente Kennedy em março de 1961, em discurso no qual ele reconhecia a necessidade de integração de todo o continente, visando o crescimento econômico sustentado. Subjacente estava o propósito de conter a influência da União Soviética na América Latina, que se fazia sentir em vários pontos do continente. Em agosto, numa reunião realizada em Punta del Este, no Uruguai, 22 países ratificaram um acordo sobre a criação da Aliança. Cuba rejeitou a proposta e não foi signatária. O programa suscitou muitas controvérsias e não correspondeu ao que dele se esperava. Foi cancelado pelo presidente Nixon em 1969.

No início da década de 1980, Archer, já próximo de Ulisses Guimarães, voltaria a ter grande notoriedade política, culminando no processo de redemocratização, em que se destacou por fazer parte de um círculo de políticos muito influente no governo Sarney.

5
UMA MISSÃO SINGULAR

Em julho de 1985 o presidente do México, Miguel de la Madrid, propôs aos presidentes dos países latino-americanos uma discussão sobre a dívida externa, problema que a todos afligia. Solicitou-lhes o envio de delegados que não exercessem funções governamentais para uma reunião de três dias em Oaxtepec.

O presidente Sarney indicou-me, juntamente com Mário Henrique Simonsen, para esse encontro bem organizado pelo Ministério da Fazenda daquele país.

Manira pôde me acompanhar e apreciou sobremodo a estadia no México, tanto na excursão pelas montanhas a ela propiciada, como na capital, por onde passamos no retorno.

Na tranquilidade decorrente da localização do evento e do tempo disponível para a plena manifestação de cada participante, foi discutido e elaborado um relatório enviado aos governos dos países ali representados. Não tive notícia da repercussão desse relatório, nem mesmo no governo brasileiro. A década de 1980 ficou conhecida como a "década perdida" na América Latina.

6
GRANDE CRISE FINANCEIRA DE 2008

Crises são pontos de inflexão de tendências na história mundial. Algumas decorrem de fenômenos naturais, como secas extremas, inundações, tsunamis, e pragas agrícolas. Outras são episódios singulares no percurso de expansão ou recessão das atividades econômicas. Antigamente epidemias eram responsáveis por grandes crises.

A crise de 2008, gerada nos Estados Unidos, teve origem na expansão imprudente de créditos de alto risco, que vinha crescendo desde anos anteriores, em especial no tocante aos empréstimos hipotecários destinados à aquisição ou construção de residências para pessoas com insuficientes garantias financeiras. Esses empréstimos são classificados como *subprime*.

A falência do banco de investimentos Lehman Brothers, que havia acumulado vários créditos desse tipo e começou a sofrer com inadimplência crescente, levou de roldão outras grandes instituições financeiras. A recusa do Federal Reserve (Fed), que faz o papel de Banco Central nos Estados Unidos, em socorrer de imediato a instituição teve grande impacto negativo na confiança que até então era depositada nos mercados financeiros. Provocou grandes debates sobre o papel do Fed.

A crise espalhou-se pelo mundo com reflexo imediato na atividade industrial, que caiu nos países mais adiantados e também, com menor intensidade, no Brasil. Não teve, no entanto, os efeitos catastróficos do desemprego da crise de 1929.

A queda abrupta de atividade e de emprego no final de 2008 e começo de 2009 logo se reverteu nos Estados Unidos. O Fed reconsiderou a sua posição e destinou, até outubro de 2008, cerca de 2 trilhões de dólares para salvar instituições financeiras em dificuldade. Os países da União Europeia aplicaram centenas de milhões de euros com o mesmo objetivo. No entanto, houve desaceleração da economia chinesa e no Japão foi forte a redução de um já fraco ritmo (1,8%), seguido de queda (-0,9%) em 2008, com ligeira recuperação subsequente.

O Brasil foi menos exposto, em função de suas reservas cambiais e dos sistemas rígidos de controle financeiro interno, oriundos da estratégia de estabilização adotada no governo Fernando Henrique Cardoso e que ficou conhecida pelos pilares câmbio flutuante, meta de inflação e superávit primário.

7
REFLEXOS NO BRASIL DAS CRISES EXTERNAS E RELAÇÃO ENTRE POLÍTICA E ECONOMIA

O Brasil passou por várias crises ao longo de sua história econômica. Lembro-me bem da crise de 1929, embora fosse ainda criança. Grandes empresas comerciais do Rio de Janeiro quebraram. A do meu pai, de tecidos por atacado, sabiamente conduzida, foi das poucas que sobreviveram. Veio após essa crise uma recuperação modesta na década de 1930, acompanhada de inflação, também pequena, que alcançou o máximo de 6%. Meu pai julgou inútil prosseguir nos negócios, decidindo encerrar a firma em 1932. Seguiu-se um período de crescimento com inflação, não obstante o advento da Segunda Guerra Mundial ter desorganizado a estrutura econômica do país.

No segundo mandato do presidente Lula as boas condições no tocante a reservas e inflação, além da obtenção pelo Brasil do *investment grade* contribuíram para confundir o julgamento das autoridades econômicas, que subestimaram o efeito da crise externa, embaladas pelos bons resultados da chamada "bonança nos preços das *commodities*". O presidente Lula referiu-se à crise como uma "marolinha", ao compará-la com os tsunamis que sofriam os mercados internacionais.

A grande aceitação popular então desfrutada pelo governo Lula, mercê de suas políticas e ações sociais no amparo às classes mais desfavorecidas da população, emprestava imediata credibilidade a tudo o que ele dizia. No sentido positivo, duas atitudes práticas haviam ajudado nisso: a intensificação do Programa de Erradicação do Trabalho Infantil (Peti), oriundo da década de 1990, e o Bolsa Família, um complemento em dinheiro à renda de famílias pobres, que beneficiou milhões de famílias.

Em contrapartida, o governo Lula ficou marcado também pela escolha de uma equipe administrativa predominantemente incompetente e pelo esquema de corrupção conhecido como "mensalão", organizado por quadros do seu partido para arrecadar fundos que proporcionavam uma "mesada" a deputados, criando um Congresso apoiador de suas propostas.

Graças ao apelo popular obtido em função de suas iniciativas distributivistas, Lula foi reeleito na eleição de 2006, embora tenha sido necessário um segundo turno.

Nesse segundo mandato, o governo acentuou a guinada na política econômica e, principalmente, no grau de intervenção do Estado na economia, que voltou a crescer em nome de "políticas anticíclicas". Estas beneficiavam grupos predefinidos de empresas estatais e privadas, mais tarde associadas a megaesquemas de corrupção em benefício da manutenção do Partido dos Trabalhadores e de seus aliados no poder.

8
NOVAS DIFICULDADES COM ITAIPU

Um exemplo do mau tratamento de questões internacionais, complexas no ambiente internacional, se deu com a eleição de Fernando Lugo para presidente do Paraguai, em 2008.

Personalidade complicada, político populista e ex-bispo da Igreja Católica, o novo presidente enfatizou em sua campanha eleitoral a questão da desigualdade social e a questão agrária. Mas anunciou também que pretendia rever as condições de venda ao Brasil da parte paraguaia de energia de Itaipu.

Alguns segmentos de opinião no Brasil têm um problema de consciência relacionado aos acontecimentos militares do século XIX na Bacia do Prata. No entanto, isso nada tinha a ver com as negociações em torno de Itaipu, que foram conduzidas de forma justa e resultaram em significativa contribuição para o desenvolvimento do Paraguai. Itaipu colocou o Paraguai em posição única no mundo, dispondo de eletricidade sem qualquer investimento em geração de energia elétrica, não tendo nem mesmo de se responsabilizar pelo financiamento da obra, que ficou a cargo do Brasil. Além disso, aufere receita de *royalties* correspondentes ao uso dos recursos hídricos naturais.

No entanto, o novo governo do Paraguai apresentou reivindicações consubstanciadas de seis pontos, que foram discutidos na reunião de janeiro de 2009 entre representantes dos dois países. Entre elas, o aumento dos preços que o Brasil pagava ao Paraguai na compra da energia de Itaipu, bem como o direito de vender de imediato, antes da total quitação da dívida com o Brasil, a energia a que tem direito. Ambas são contrárias ao que estabelece o tratado firmado anteriormente entre as nações e que ensejou o financiamento da obra.

O Brasil ofereceu proposta de dobrar o pagamento pela remuneração de energia cedida pelo Paraguai, de 120 milhões de dólares anuais para 240 milhões, além da criação de um Fundo de Desenvolvimento, que poderia contar com aportes de até US$ 100 milhões anuais, e outros financiamentos para projetos de infraestrutura.

O governo paraguaio considerou insuficiente a proposta. As discussões tiveram continuidade nas visitas do presidente Fernando Lugo a Brasília em maio de 2009 e do presidente Lula a Assunção em julho daquele ano. No acordo final, alterando o anexo C do tratado por meio de "notas reversais", os 240 milhões passaram a ser 360 milhões, com aprovação do Congresso do Paraguai e do Senado do Brasil.

Posteriormente, o presidente Lugo teve dificuldades político-partidárias que levaram à sua destituição em 2012, sendo temporariamente substituído pelo vice-presidente em clima de dificuldades políticas internas. Nesse ambiente conturbado no Paraguai, o Brasil foi surpreendido em 2013 com um inusitado episódio originado em relatório de uma entidade estranha aos dois países.

O estudo em questão, "Aprovechamiento de la Energía Hidroeléctrica del Paraguay para el Desarrollo Económico Sustentable", foi preparado pela entidade intitulada Vale Columbia Center on Sustainable International Investment (VCC), ligada ao Earth Institute da Universidade de Colúmbia, em Nova York, que tem como diretor o economista americano Jeffrey Sachs. O site dessa entidade explicava que o trabalho resultava de pedido de aconselhamento feito pelo Ministério das Finanças do Paraguai quanto à forma de utilizar a sua energia hidrelétrica para desenvolver a respectiva economia de forma sustentável.

Parte do estudo, dedicada ao empreendimento de Itaipu, reapresenta questionamentos e contém propostas concentradas em controvérsias da dívida e da tarifa, desprezando ou demonstrando desconhecimento das condições prevalecentes na época em que foram discutidas as bases originais do tratado de 1973, bem como as vicissitudes econômicas e financeiras do mundo real nos últimos quarenta anos. Essa parte do estudo, que tem mais de especulação intelectual que de uma contribuição realista, foi examinada e criticada por vários conhecedores de Itaipu, inclusive pela própria direção da empresa, por meio de comentários enviados à VCC no prazo por ela estipulado.

As negociações referentes a essas novas "dificuldades" representam, a meu ver, um modelo de como não atuar em matéria de política externa, pois nelas desprezou-se a competência do Itamaraty e dos quadros técnicos brasileiros que tinham conhecimento histórico do assunto e deixou-se a questão ser discutida nos moldes de uma negociação sindical.

9
GOVERNO DILMA ROUSSEFF

Nas eleições presidenciais de 2010 Lula apresentou como candidata Dilma Rousseff, pessoa sem tradição político-eleitoral. Apoiada na popularidade de Lula, Dilma Rousseff derrotou no segundo turno o candidato José Serra e adotou o caminho preconizado pelo PT, cujo programa tinha por base medidas voltadas à distribuição da renda e manutenção do nível de emprego sob o comando direto do Estado, distribuindo o que não possuía. O mau desempenho da atividade econômica nesse período coincide com a desorganização da administração pública e com a crise política, resultante do afastamento entre o Poder Executivo e a sua base no Congresso.

A fragilidade das oposições, sem partidos políticos com programas bem definidos, contribuiu para uma sobrevida do governo, apesar de seus crescentes problemas.

As propaladas virtudes de Dilma como administradora e gerente – o presidente Lula a conomeou "Mãe do PAC" (Programa de Aceleração do Crescimento) – se mostraram irreais.

Apesar de um desempenho fraquíssimo, Dilma Rousseff foi reeleita em campanha altamente questionável. A diferença para o segundo colocado, senador Aécio Neves, neto do presidente Tancredo Neves, foi mínima. A partir daí a economia nacional literalmente desmoronou e vários artifícios foram empregados para "maquiar" as contas nacionais.

Ganharam corpo, em paralelo, questões de outra natureza, com as investigações sobre a corrupção no governo em seus contratos com grandes empresas, sua ingerência político-partidária na gestão das grandes estatais produtivas e a perda geral de eficiência. Alcançou-se algo antes inimaginável: a quebra da capacidade de investir da poderosa Petrobras.

Refletindo sobre esse processo de declínio, vemos que seu início ocorre com a perda de eficiência e de controle da administração federal e com a indisposição da presidente Dilma de estabelecer diálogo com os membros do Congresso. Vários grupos de parlamentares, captando um sentimento da sociedade civil, propuseram então o *impeachment*. Para complicar o quadro, também transitava no Congresso o processo de afastamento do deputado Eduardo Cunha, então presidente da Câmara, por envolvimento no esquema de corrupção.

A matéria provocou discussões de duas naturezas. No domínio político, entre favoráveis e desfavoráveis à destituição do cargo de presidente de pessoa eleita em votação pública. No domínio jurídico, quanto à validade das provas levantadas para um eventual impedimento dessa presidente. Prevaleceu o encaminhamento processual do *impeachment*, basicamente amparado pelo não cumprimento pelo Poder Executivo dos procedimentos legais de natureza fiscal referentes à autorização de despesas, pois não se fizeram preceder de autorização do Congresso. Em outras palavras, um conflito de competência entre Executivo e Legislativo.

Desenvolveram-se no âmbito da Câmara dos Deputados episódios dramáticos, culminando com o afastamento da presidente das funções administrativas, aprovado por grande maioria da Câmara. O Senado, cerca de três meses depois, cumpridos todos os trâmites constitucionais, confirmou esse afastamento como definitivo em julgamento presidido pelo presidente do Supremo Tribunal Federal (STF).

Haviam concorrido para esse desfecho os quatro condicionantes que se mostraram presentes em processos desse tipo: grave crise econômica, perda de apoio popular, perda de apoio do legislativo e uma transgressão de dispositivo legal.

Assumiu a presidência da República o vice-presidente, Michel Temer. No exercício do cargo, Temer recompôs o ministério à sua feição, com algumas escolhas que deram lugar a controvérsias, mas que lhe garantiram o apoio do Congresso.

A economia nacional ficou imobilizada nos primeiros dezoito meses desse mandato de governo, que se encerrará em dezembro de 2018. E isso tanto na esfera do governo como na da iniciativa privada. O ritmo de crescimento não apresenta sinais de possível retomada a curto prazo. Pior: o PIB caiu em 2014, mais ainda em 2015 e irreversivelmente está em trajetória descendente em 2016. No último trimestre de 2016 começaram, felizmente, a aparecer tênues sinais de recuperação para 2017.

A crise institucional do governo Dilma gerou falta de confiança no país e desestimulou a retomada de investimentos indispensáveis ao desenvolvimento econômico e à infraestrutura.

10
TEMAS TECNOLÓGICOS E AMBIENTAIS

Participei, quando passei pelo Ministério de Minas e Energia, da organização de um programa integrado de pesquisa tecnológica baseado na ideia de cooperação entre universidade e empresas. Já existia à época o exemplo bem-sucedido do Instituto de Pesquisas Tecnológicas da Universidade de São Paulo (IPT).

Outro tema a que me dediquei ainda no tempo de ministro e também depois foi o estudo de eficiência energética, que já vinha pelo menos desde que se instituiu o Fundo de Financiamento de Estudos de Projetos e Programas (FINEP), em 1967, e o Fundo Nacional de Desenvolvimento Científico e Tecnológico (FNDCT), em 1969. O novo programa compreendia no campus da UFRJ a ampliação do Centro de Pesquisas e Desenvolvimento Leopoldo Américo Miguez de Mello (CENPES), já existente na Petrobras, e a criação de duas novas instituições: o Centro de Pesquisas de Energia Elétrica (CEPEL), na Eletrobras, e o Centro de Tecnologia Mineral (CETEM), a cargo da CPRM. Como órgão coordenador da ligação universidade-empresa, foi constituída em 1975 a Fundação Universitária José Bonifácio (FUJB).

Essas iniciativas foram bem sucedidas em termos de trabalhos de pesquisa realizados, sendo que se atribuem ao CEPEL importantes avanços na tecnologia de transmissão em corrente contínua e ao

CENPES o desenvolvimento da tecnologia de exploração de petróleo em águas profundas. No entanto, elas ficaram aquém da expectativa em termos de aproximação da universidade com os empresários, que aos poucos foram deixando de participar da administração da FUJB. Nesse afastamento possivelmente teve um papel a localização fora de São Paulo, onde se consolidou o centro nacional de tecnologia e inovação.

Mais recentemente a crescente ameaça das mudanças climáticas deu origem a fortes controvérsias quanto aos méritos e deméritos do uso da energia, da construção de novas usinas geradoras de eletricidade, bem como da exploração de recursos energéticos naturais. Esses fatores exacerbaram as contradições entre atitudes racionais e emocionais na análise de novos empreendimentos, especialmente quando se omite que todos trazem impactos ambientais ao lado dos benefícios almejados. Na realidade, há que buscar a melhor relação possível entre benefícios e efeitos negativos de cada projeto de energia, sabendo-se que a análise da contradição entre o desejável e o possível não é simples.

Participei desde a década de 1980 dessa discussão em várias reuniões técnicas, tendo inclusive escrito um livro sobre o tema da eficiência energética.

No início da década de 1990, a convite de José Luiz Alquéres, então presidente da Eletrobras, presidi o Conselho de Meio Ambiente (CDMA) da Eletrobras, que atuava como uma entidade independente, trazendo a discussão de temas de interesse da sociedade para consideração no planejamento energético. Dele participaram expressivos membros da sociedade civil e da comunidade acadêmica, dentre outros a advogada Eunice Paiva, o antropólogo Sílvio Coelho, o jurista Joaquim Falcão e o professor José Galizia Tundisi, grande especialista em recursos hídricos e professor da Universidade Federal de São Carlos, no estado de São Paulo.

11
RETORNO DA ENGENHARIA A SEU PAPEL HISTÓRICO

A engenharia nacional sempre teve papel relevante no desenvolvimento do país. Nos últimos anos, por vários fatores, ela perdeu essa posição. Seu papel, contudo, é essencial, e foi com prazer que em 2015 participei de dois encontros importantes.

O primeiro foi em abril, no âmbito da Academia Nacional de Engenharia, para a qual fui convidado por José Eduardo Moreira. Falei sobre "Eficiência Energética e Desperdício de Energia", mas fazendo amplas considerações sobre o setor de Energia. Escrevi esse texto quando o governo ainda apregoava suas qualidades de gestor na área energética, embora os especialistas apontassem para a falácia oculta. Apontei o desastre que estava a caminho e minha conferência gerou inúmeras discussões internas na Academia Nacional de Engenharia e em órgãos do governo, levando mesmo ao pedido de demissão de um integrante da academia que apoiou os veementes termos em que expus a situação.

O segundo, muito grato para mim, foi em dezembro de 2015, a convite do Clube de Engenharia, trazido a mim por Bernardo Griner. Na ocasião me foi concedida a comenda Paulo de Frontin, associada ao título de Engenheiro Eminente de 2015. O presidente do clube, Pedro Celestino, fez na ocasião generoso discurso. Em minha resposta procurei, além do agradecimento, traçar uma retrospectiva sintética das etapas da Engenharia no Brasil, pouco conhecidas das novas gerações. Creio que tenham sido úteis. O Clube de Engenharia, mais que centenário, é a mais antiga associação de engenheiros do país, tendo sempre estado presente na discussão dos grandes temas nacionais.

Ao observar com Celestino a dominância de cabelos brancos nos dois auditórios do Clube, ele me tranquilizou dizendo que o Clube promove também eventos destinados a grupos de jovens engenheiros, sob a forma de excursões técnicas a importantes empreendimentos da engenharia nacional, cursos e palestras, essenciais para a continuidade da transmissão de experiências às novas gerações.

12
ALGUMAS PESSOAS COM QUEM CONVIVI PROFISSIONALMENTE

Exerci atividades profissionais em variados domínios, o que me proporcionou convivência com muitas pessoas de relevo nos ramos da Engenharia e da Economia, e mesmo fora desses setores. É impossível citar a grande quantidade de amigos e pessoas com quem lidei e que mereciam aqui uma referência. Não me furto, porém, a fazer alguns registros enfatizando aspectos de algumas dessas pessoas, hoje já falecidas ou afastadas de qualquer função, sem que a omissão das outras represente qualquer apreciação sobre a sua competência ou sobre a nossa amizade.

Ao terminar o curso de Engenharia, fui convidado pelo professor Jorge Kafuri para ser seu assistente na cadeira de Estatística e Economia. Jorge Kafuri havia sido aluno dos jesuítas de Nova Friburgo, o que foi marcante para a rigorosa disciplina intelectual que era transmitida em suas aulas. Trabalhei muitos anos com ele.

Personagem distinto foi o também engenheiro por formação Eugênio Gudin, diplomado em 1905, autodidata em Finanças e Economia e respeitado polemista. Adotou-me. Gudin viveu até os cem anos, sendo considerado o maior dos economistas liberais de nossa história.

Conheci e trabalhei com o engenheiro Plínio de Queiroz, idealizador da Cosipa e depois coordenador do projeto de regularização do rio Paraíba do Sul, no qual conheci Mário Borgonovi, agrônomo do Instituto Agronômico de Campinas (IAC) responsável pela promoção do melhor aproveitamento agrícola de terras que tive oportunidade de ver em ação.

Fugindo de citar apenas engenheiros, em San Tiago Dantas, jurista de formação, encontrei um dos mais cultos brasileiros. Com ele tive, pela primeira vez, visão do que era a política com P maiúsculo. Em sua companhia participei de importantes acontecimentos no Brasil e nos Estados Unidos.

Retornando à Engenharia, e, em especial, ao campo da energia hidrelétrica, trabalhei com Mário Bhering, conceituado técnico cujo comportamento ético foi notório nos organismos que dirigiu, dentre os quais a Cemig, a Eletrobras e o Centro da Memória da Eletricidade no Brasil.

Já na administração e engenharia do petróleo destacaram-se duas personalidades distintas. De um lado, o tranquilo e competente engenheiro Yvan Barreto de Carvalho, e de outro, o voluntarioso general Ernesto Geisel, com quem o entendimento era possível, porém trabalhoso.

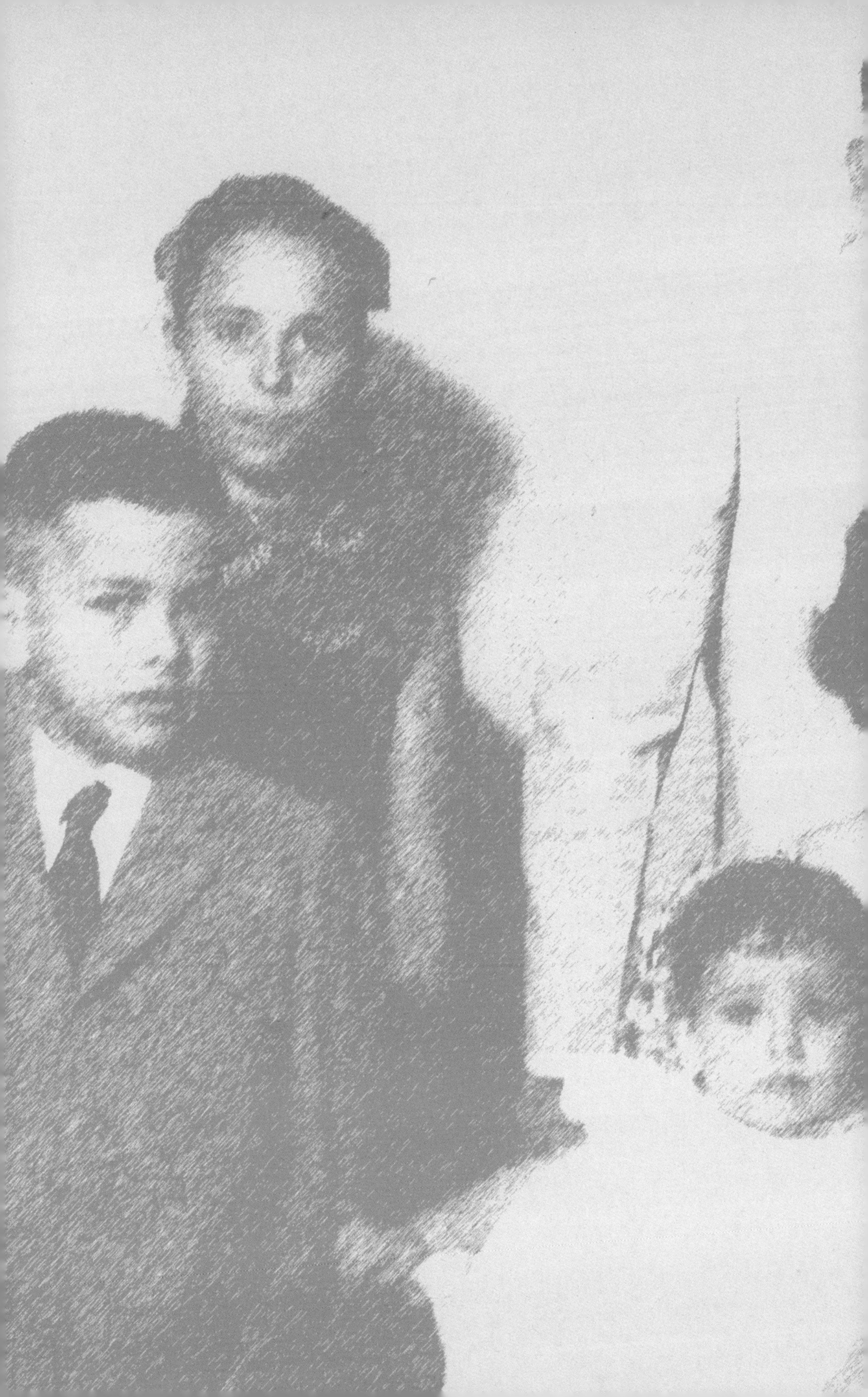

Livro 4

DIAS LEITE EM FAMÍLIA

DIAS LEITE EM FAMÍLIA

Este Livro 4 não foi escrito pelo professor Dias Leite, e sim acrescentado pelo editor a partir de um pequeno mas significativo número de relatos de seus familiares.

Aqui se mostram a essência do professor e suas ações conforme vistas pelas pessoas de várias gerações que com ele convivem.

Inicialmente mostramos como dialogaram o homem público e o homem familiar.

> *"As ideias de 'organização' e 'solução' guiaram a sua vida. Organizar desde o país até a sua casa, onde por 65 anos acolhe a todos filhos, netos e bisnetos.*
>
> *É um homem pelo menos vinte anos à frente de seu tempo. Sempre em busca de soluções para a economia nacional."*

A persistência e o sucesso em viver segundo esse conceito de organização e foco estão impregnados – em meio a muito amor – neste outro depoimento:

> *"Tenho o privilégio de conviver com meu avô – ou melhor, 'Vô', como ele gosta de assinar bilhetes e cartas para os netos – há 41 anos.*

Lembro-me muito dos finais de semana na fazenda Ventania, em Rio das Ostras, e no inesquecível sítio Santa Luzia, em Vassouras, e da inigualável viagem com os netos pela Europa. Organizado e simples, definiu a melhor estratégia e o melhor trajeto para a viagem. Utilizou todos os meios de transporte (trem, avião, barco e ônibus), para que tivéssemos acesso pela primeira vez à experiência de viajar pela Europa. Até os passeios a pé, com 45 graus centígrados de temperatura, em Paris e Roma, eram adequadamente organizados, com paradas para um sorvete de fragole ou uma água bem gelada. Sempre tão carinhoso com a vovó e todos ao seu redor. De forma única, aproveitava cada momento para nos mostrar como era importante estudar, ser educado e justo. Ensinou-me a estudar. Utilizo até hoje calendários para organizar tarefas, estudos e cumprir metas estabelecidas.

Sua memória e sua forma ímpar de ensinar me salvaram numa prova de História. Embora algo simples, o fato merece um registro. Depois de ficar um mês sem ir à escola devido a uma hepatite, na minha volta eu tinha uma prova marcada para o dia seguinte sobre o ciclo do café. Socorri-me com ele. Passamos a tarde conversando. No dia seguinte fui para a prova e ganhei um dez, talvez o mais inesquecível da minha vida. São tantas memórias e viagens... grande privilégio ser seu neto!"

Em outro abrangente depoimento, sentimos a atmosfera de uma vida transbordantemente rica na transmissão de valores de forma amorosa:

"Um grande pai, um super avô e um bivô maravilhoso.
Mestre presente e orientador de todos.
Ensinamentos que se estendem sobre ética, respeito ao próximo e a vida. Que ficaram gravados nesta família e passam pelas gerações.
O trabalho, a dedicação, a seriedade.
Princípios de base da família Dias Leite, onde sempre se tem um ombro para um choro.

Uma casa cheia de memórias de vida.

De mudanças e transformações da própria família, do uso dos quartos e das pessoas que passam pela Leôncio Corrêa, sempre marcando-a e saindo marcados com uma lembrança especial.

Acolher, cuidar, receber e ouvir, características desse avô que recebe e que acolhe em sua casa tantos netos em fase de transição de vida.

Com a mesa posta, do bacalhau ao quibe, e com a louça e os copos que remontam ao casamento de Antonio e Manira, linda história de amor.

Uma história vivida com muito respeito, parceria e amizade ao longo de 70 anos de união, com 6 filhos, 12 netos e 17 bisnetos. Gerações virão e terão o DNA Dias Leite marcando sua forma de ser. Com simplicidade e elegância. Verdade e transparência.

Que orgulho para nós, o de pertencermos a essa linda família, com a bênção desse Mestre, desse exemplo de vida com persistência, que nos seus quase 97 anos acorda todos os dias, toma o seu cálice de vinho e trabalha neste livro que estamos lendo agora, com o texto arrematado pelos depoimentos de filhos e netos.

Um agradecimento especial ao nosso editor, José Luiz Alquéres, que 'colocou a mão na massa' e fez, através de entrevistas com a presença dos filhos e netos, a edição desta história do primeiro século, de uma pessoa que vive intensamente e generosamente compartilha sua visão das coisas e das gentes. Com todo o amor, respeito e admiração dos seus, este é Antonio Dias Leite".

Outro neto se manifesta assim:

"Família Dias Leite... Em minhas lembranças mais remotas está uma casa grande, cheia de primos para brincar! Na porta, o vovô esperava a chegada de cada um de nós com grande alegria! Nessa mesma casa Dias Leite tinha uma vovó. Uma vovó vaidosa, de saias elegantes,

que guardava sempre um chocolate Bis no armário para quem ficasse 'bonitinho'.

Nas férias e fins de semana éramos 'transferidos' para Santa Luzia, como era chamado o sítio onde desfrutávamos a liberdade da vida no campo.

Somos sete netas e cinco netos. Pelos meus cálculos, por três anos consecutivos nasceram dois netos por ano. Na adolescência, fomos testando nossos gostos e hábitos, mas um sempre se manteve comum, a frequência quase diária na casa da Leôncio Corrêa.

Meu pai, que retornou à casa do vovô e da vovó quando eu tinha apenas cinco anos e lá ainda vive, me proporcionou uma relação muito próxima com meus avós. Eu me lembro bem das infindáveis lições de tabuada e da 'conversa séria' que o casal de avós teve comigo e com meu irmão. Como exímio professor, ele ressaltou a importância de estudar numa universidade pública. Eu ainda estava iniciando o ginásio e descobrindo minha paixão pelo cinema, pelos filmes que assistíamos na Santa Luzia, quando ele me disse: 'Não importa o curso que você queira fazer; para que o faça bem, tem que se dedicar e ser séria.'"

E mais outro:

"Vovô Ziquiri, meu mentor, uma pessoa por quem tenho muita admiração. Ele me auxiliou a traçar e confiar nos caminhos que escolhi, sempre sábio e sincero. Avô tão querido, brasileiro ético e visionário, um grande exemplo."

Todas as famílias passam por experiências maravilhosas ao longo de um século, mas também por apreensões, dificuldades e, não raro, grandes perdas, grandes traumas.

Com a família Dias Leite não foi diferente, mas graças ao norte que Antonio e Manira souberam imprimir, seus membros encontraram forças nos ensinamentos transmitidos de geração a geração para conviver com os problemas, superá-los, viver dignamente e honrar as suas tradições.

Encerramos este livro com um texto especial. Dos depoimentos recebidos, creio que esse realça o que, para todos os da família, mas também para os brasileiros, é o legado maior de Dias Leite: fazer tudo o que fez com bondade no coração.

> *"Admiração e gratidão são as duas palavras que melhor descrevem o que sinto pelo meu avô, Antonio Dias Leite.*
>
> *Tive a oportunidade de viver e aprender muito com ele e com minha amada vovó Manira durante três anos. Foi um momento em minha vida em que precisei de ajuda e fui acolhida pelos dois de braços abertos. Guardo memórias maravilhosas desse tempo. Com a avó, Manira, aprendi a viver com elegância e ao mesmo tempo simplicidade; com o avô, Antonio, pude aprender sobre ética como valor principal da vida, seja no âmbito pessoal ou no profissional.*
>
> *Como neta, agradeço ao vovô Antonio e à vovó Manira por terem me recebido em sua vida, pela paciência e responsabilidade de cuidar de uma adolescente.*
>
> *Como brasileira, agradeço a Antonio Dias Leite por quase um século de trabalho a serviço do Brasil, com dedicação incansável e determinação inabalável, promovendo grandes e importantes mudanças no desenvolvimento do nosso país nas diversas áreas em que atuou como engenheiro, economista, ministro, professor e ambientalista."*

ANEXO 1

TEXTOS DO AUTOR:

Renda nacional. Tese (Livre-docência).- Escola Nacional de Engenharia da Universidade Federal do Rio de Janeiro, Rio de Janeiro, UFRJ, 1948.

Renda nacional era um assunto desconhecido no Brasil, como ficou nítido no debate entre Roberto Simonsen e Eugênio Gudin na Comissão de Planejamento Econômico. Este último, ao conduzir a criação da Fundação Getúlio Vargas, propôs-me: "Saia em campo e procure descobrir o que existe a respeito." Não encontrei nada. Parti para a montagem de uma apuração e escrevi esse texto teórico, explicativo do conceito e da sua apuração.

Caminhos do desenvolvimento. Rio de Janeiro: Zahar, 1966.

Reúnem-se neste livro dez artigos escritos entre 1964 e 1966, publicados na *Revista Síntese* e no *Jornal do Brasil*. Todos versam sobre o problema econômico do Brasil da época e do decênio subsequente.

"Um enfoque realista para a reforma do Estado". In *Brasil em mudança – Fórum Nacional –*. São Paulo: Nobel, 1991.

O texto é centrado na questão da administração pública, especialmente na parte sob a responsabilidade de entidades autônomas.

Propostas para a modernização e desenvolvimento do setor energético brasileiro. Debate no Instituto de Engenharia de São Paulo, 1992.

Apreciação das alternativas institucionais para o setor energético que eram, à época, objeto de intensa controvérsia.

A energia do Brasil. Rio de Janeiro: Campus-Elsevier, 1ª ed., 1996, 2ª ed. 2002. Prêmio Jabuti 1998.

Tentativa, em extensa análise (seiscentas páginas), de rever a história e o quadro presente do setor energético no Brasil, situando-o no âmbito mundial.

Crescimento econômico: a evidência estatística mundial. Novo governo e os desafios do desenvolvimento. Instituto de Altos Estudos, 2002.

Caracterização do drama do subdesenvolvimento histórico do Brasil, do período em que iniciamos a recuperação, (1948-80) e do tempo perdido (1981-90), e apontando para as reformas institucionais e necessidade de uma estratégia de desenvolvimento.

A economia brasileira: de onde viemos e onde estamos. Rio de Janeiro: Campus-Elsevier, 2004.

Revisão histórica das origens da Economia moderna, com apreciação de estruturas, processos e instituições do mundo de hoje, além de breve recapitulação de conceitos econômicos consagrados.

Energy in Brazil. Towards a Renewable Energy Dominated System. London: Earthscan, 2009.

Texto contendo trechos traduzidos do livro *A energia do Brasil* que possam ser de interesse no exterior.

Brasil, país rico. Prefácio de George Vidor. Rio de Janeiro: Campus-Elsevier, 2012.

Especulação em torno do futuro do Brasil, com análise da possibilidade de o país vencer contradições e atingir a condição de membro da comunidade dos ricos.

Eficiência e desperdício da energia no Brasil. Prefácio João Camilo Penna. Rio de Janeiro: Campus-Elsevier, 2013.

Exame dos fatores determinantes do futuro da energia: crescimento econômico, controle da mudança climática, inovação tecnológica e fontes renováveis no cenário mundial e no caso do Brasil, com ênfase na eficiência e no desperdício.

ANEXO 2

REFERÊNCIAS BIBLIOGRÁFICAS DO AUTOR

LEITE, A. D. *Renda nacional.* Tese (Livre Docência)- Escola de Engenharia, Universidade Federal do Rio de Janeiro, Rio de Janeiro, 1948.

_____. *Caminhos do desenvolvimento.* Rio de Janeiro: Zahar, 1966.

_____. *Política mineral e energética.* Rio de Janeiro: IBGE, 1974.

_____. Equilíbrio financeiro das empresas de crescimento regular e continuado. *Revista Brasileira de Energia Elétrica*, Rio de Janeiro, nº34, abr./set.1976.

_____. *A transição para a Nova República.* Rio de Janeiro: Nova Fronteira, 1985. Artigos publicados nos jornais *Folha de S. Paulo* e *Jornal do Brasil* entre 1984 e 1985.

_____. *Plano Cruzado - Esperança e decepção.* Rio de Janeiro: Instituto de Economia/UFRJ, 1987. Artigos publicados nos jornais *Folha de S. Paulo* e *Jornal do Brasil* entre 1985 e 1987.

_____. Nova Constituição e desenvolvimento. In: VELLOSO, J.P.dos Reis (Org.). *A crise brasileira e a modernização da sociedade.* Rio de Janeiro: José Olympio, 1990. p.79.

_____. Revisão do Estado: uma avaliação terra-a-terra. In: *O Levitã ferido: a reforma do estado brasileiro.* Rio de Janeiro: José Olympio, 1991.

_____. Um enfoque realista para a reforma do Estado. In: VELLOSO, J.P.dos Reis (Org.). *Brasil em mudança*. (S.l.): São Paulo: Nobel, 1991. p.81.

_____. *A energia do Brasil*. Rio de Janeiro: Nova Fronteira, 1997. Prêmio Jabuti 1998.

_____. *Crescimento econômico*. Rio de Janeiro: José Olympio, 1999.

_____. Evidência estatística mundial. In.: LEITE, A.D.; VELLOSO, J.P. dos Reis. (Orgs.) *O novo governo e os desafios do desenvolvimento*. Rio de Janeiro: José Olympio, 2002. p.277.

_____. *A energia do Brasil*. Segunda edição. Rio de Janeiro: Campus-Elsevier, 2007.

_____. *Energy in Brazil: Towards a Renewable Energy Dominated System*. London: Earthscan, 2009.

_____. *A Economia Brasileira: de onde viemos e onde estamos*. Primeira edição, Rio de Janeiro: Campus-Elsevier, 2004.

_____. *A Economia Brasileira. De onde viemos e onde estamos*. Segunda edição, Rio de Janeiro: Campus-Elsevier, 2011.

_____. SANTOS, G. de A. Estimativa da renda nacional do Brasil. *Revista Brasileira de Economia*, Rio de Janeiro, v5, n4, p. 9, 1951.

_____. SANT'ANA, M.; SIDSAMER, S. *Uma investigação de alternativas de reequilíbrio simultâneo de preços relativos*. Rio de Janeiro: Faculdade de Economia e Administração/UFRJ, 1985.

Este livro foi editado na cidade de
São Sebastião do Rio de Janeiro e
publicado pela Edições de Janeiro no
outono de 2017.

O texto foi composto com as
tipografias Caecília e Bebas Neue e
impresso em papel Pólen Soft 80 g/m²
nas oficinas da Smart Printer.